1. Im Technikmuseum wurden eine Woche lang die Besucherzahlen gezählt. Am Montag war das Museum geschlossen. Die Ergebnisse zeigt das Säulendiagramm. Ergänze dazu die Texte.

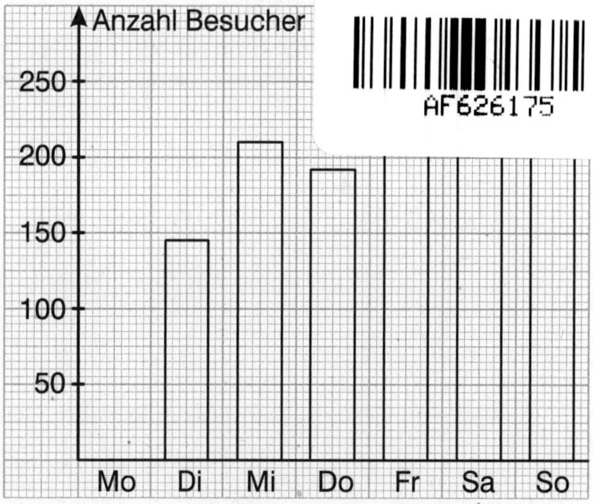

a) Die meisten Besucher kommen am ____________

b) Die Anzahl der Besucher lag an den sechs Besuchstagen zwischen __________ und __________.

c) Insgesamt kamen an den sechs Besuchstagen

__________ [6] Besucher. Das sind durchschnittlich

__________ [4] Besucher pro Besuchstag.

2. Svenja hat mit drei Gefäßen Füllversuche durchgeführt. Pro Sekunde lief immer gleich viel Wasser in ein Gefäß.

a) Ergänze die Tabelle für das quaderförmige Aquarium.

Aquarium

Zeit (s)	Höhe (mm)
10	15
20	30
30	
40	

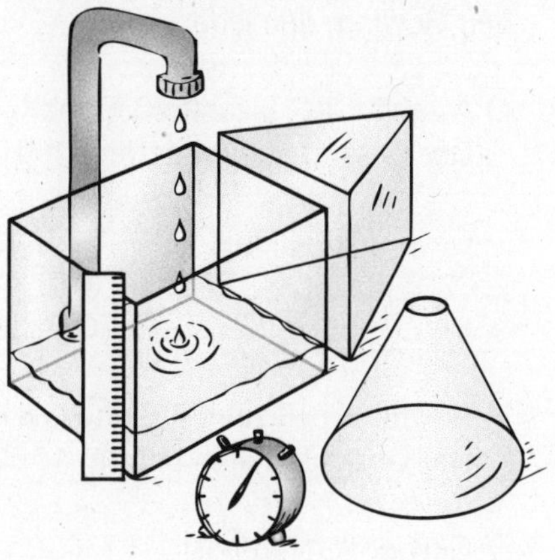

b) Berechne, um wie viel Millimeter das Wasser im Aquarium jede Sekunde

steigt: _________ mm pro Sekunde.

c) Zeichne in das linke Koordinatensystem für den Füllversuch ein, wie hoch das Wasser steht nach 10 s, 20 s, 30 s und 40 s.

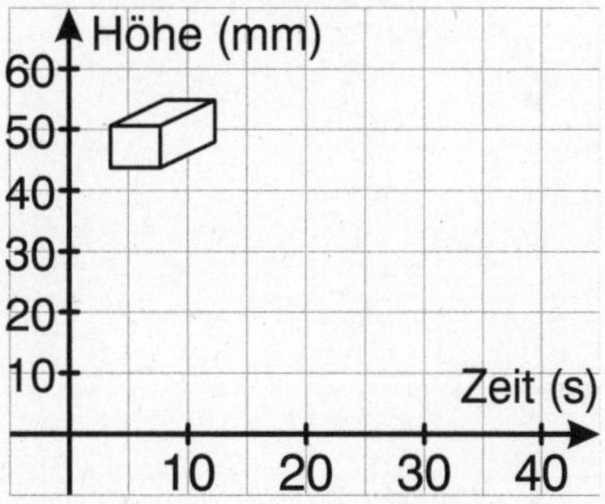

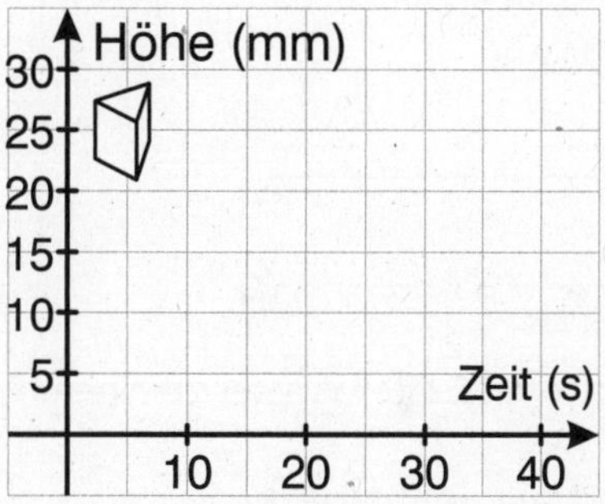

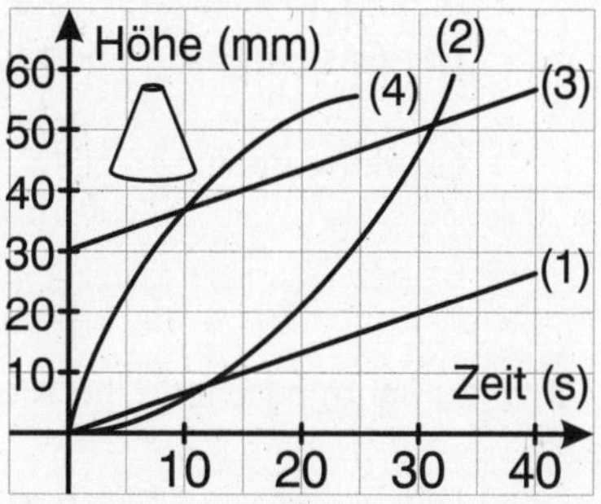

d) In der Prisma-Vase steigt bei einer Füllung das Wasser alle 10 Sekunden um 2,5 cm. Zeichne in das mittlere Koordinatensystem die Füllhöhe nach 10 s, 20 s, 30 s und 40 s ein.

e) Das rechte Koordinatensystem zeigt vier „Füllkurven". Welche Kurve passt am besten zu einem Füllversuch mit der Kegel-Vase, wenn diese anfangs leer ist? Kurve Nr. _____

3. Eine Werbung verspricht: „Mega-Songs mit Super-Rabatt. Jeder Song für 1,10 € im Internet. Ab 5 Songs 10% Rabatt". Fülle die Tabelle dazu aus.

Songs	1	2	4	6	8	10
Preis						

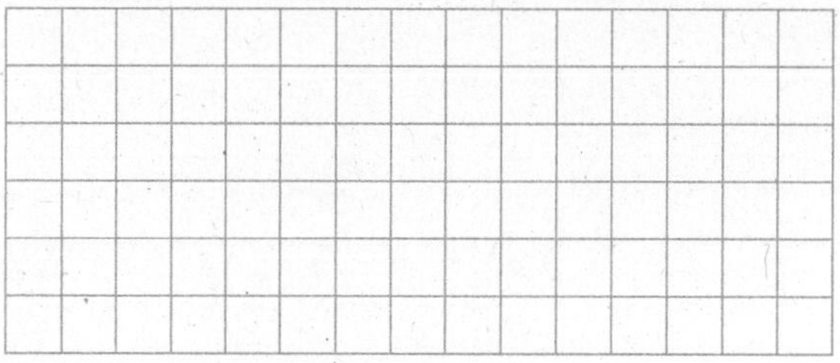

1. Die drei Freunde Tim, Tom und John sind eine Lotto-Tippgemeinschaft. Sie haben zusammen 20 000 € gewonnen. Für ihren Lotto-Tipp zahlten Tim 5 €, Tom und John jeweils 2,50 € ein. Ergänze die Rechnungen, damit du weißt, wie viel jeder vom Gewinn erhält.

(1) Zusammen zahlten die drei Freunde ________ € ein.

(2) Der Anteil (Bruchteil), den Tim zahlte, war ________, das sind ________ %, der Anteil von Tom und John war ________ oder ________ %.

(3) Von dem Gesamtgewinn erhält Tim also ________________ €, Tom und John erhalten jeweils ________________ €.

2. Berechne wie in Aufgabe 1 zuerst die Anteile, dann den Gewinn, den jeder erhält.

a) A zahlt 10 €, B zahlt 20 € und C 30 € ein.
Der Gesamtgewinn beträgt 100 000 €.

Gewinnverteilung: A ________________ 38

B ________________ 21 C ________________ 5

b) A zahlt 5 €, B zahlt 7 € und C 8 € ein.
Der Gesamtgewinn beträgt 10 000 €.

Gewinnverteilung: A ________________

B ________________ C ________________

c) A zahlt 15 €, B zahlt 20 € und C 25 € ein.
Der Gesamtgewinn beträgt 1 Mio. €.

Gewinnverteilung: A ________________ 7

B ________________ 24 C ________________ 42

3. Frau Baum mischt 2 Liter Kirschsaft mit 3 Liter Wasser zu einem Fruchtgetränk.

a) Wie viel Prozent Kirschsaft sind im Fruchtgetränk? ________________________

b) Frau Baum hat 6 Liter Kirschsaft. Wie viel Liter Wasser kann sie dazu geben, um ein Fruchtgetränk mit dem selben Mischungsverhältnis (2 : 3) zu erhalten? ________________________

c) Frau Baum hat im Verhältnis „Kirschsaft : Wasser = 2 : 3“ heute 6 Liter Wasser mit Kirschsaft gemischt.

Frau Baum braucht ______ Liter Kirschsaft und erhält ______ Liter Fruchtgetränk.

1. Jannis bekommt von seiner Oma seit seinem 4. Geburtstag am 1. Mai 1998 Monats-Taschengeld. Dieses stieg jedes Jahr um den gleichen Betrag. Die Tabelle zeigt einige Beträge.

Jahr	Betrag
1998	
2000	5,00 €
2002	8,00 €
2004	
2006	
2008	
2010	
2012	23,00 €
2014	

a) Am 1. Mai 2000 erhielt Jannis von seiner Oma ____________ €.

b) Um wie viel Euro stieg das monatliche Taschengeld jedes Jahr? ____________

c) Ergänze die fehlenden Werte in der Tabelle.

2. Im Koordinatensystem ist der Betrag des Monats-Taschengelds, den Jannis von seiner Oma am 1. Mai 2000 erhielt, schon eingetragen. Trage alle Beträge ein von 1998 bis 2014.

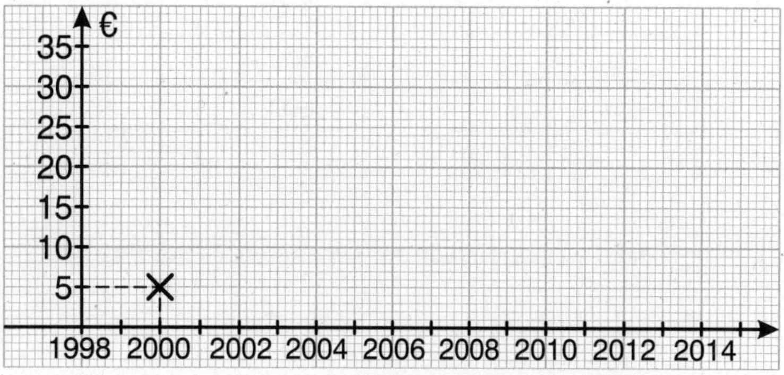

3. Minka hat schon 50 € gespart für ihren nächsten Urlaub, der in 20 Wochen beginnen soll. Jede Woche möchte sie noch 2,50 € sparen.

a) Wie viel Geld hat Minka nach 4 Wochen gespart? ________

b) Ergänze die Tabelle bis zur 20. Woche.

c) Nach wie vielen Wochen hat Minka mehr als 100 €? ________

Sparbetrag	
Anfangs	50 €
nach 2 Wochen	
4 Wochen	
6 Wochen	
8 Wochen	
10 Wochen	75 €
12 Wochen	
14 Wochen	
16 Wochen	
18 Wochen	
20 Wochen	

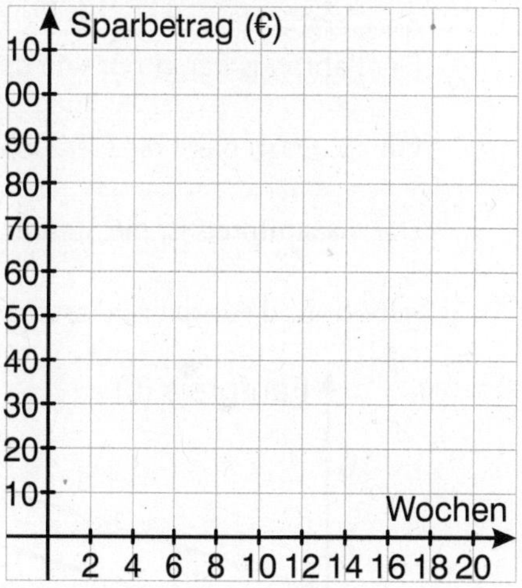

4. Übertrage die Werte in der Tabelle zu Aufgabe 3 als Punkte in das Koordinatensystem. Prüfe, ob alle Punkte auf einer Geraden liegen.

5. Minkas Opa schenkt ihr einmalig in der 10. Woche 15 €.

a) Trage die neuen Punkte ab der 10. Woche ebenfalls in das vorstehende Koordinatensystem ein. Warum liegen auch diese Punkte auf einer Geraden?

____

b) Welche Gleichung passt ab der 10. Woche zu Minkas Sparbetrag S (in €) nach x Wochen? Kreuze an:

$S = 5 \cdot x + 15$ ☐ $S = 2{,}5 \cdot x + 15$ ☐ $S = 15 \cdot x + 5$ ☐ $S = 15 \cdot x + 2{,}5$ ☐

6. In einer Autozeitung liest Frau Adler: „Wenn Sie mehr als 40000 km mit Gas statt mit Benzin gefahren sind, hat sich vielleicht schon die Umrüstung von Benzin auf Gas bezahlt gemacht." Prüfe diese Angabe. Rechne mit diesen Preisen: Umrüstung 2500,– €, Benzin 1,50 $\frac{€}{\text{Liter}}$, Gas 0,80 $\frac{€}{\text{Liter}}$, Verbrauch auf 100 km 8 Liter.

TIPP
Berechne zuerst, wie viel Frau Adler mit Gas statt Benzin auf 100 km einspart.

1. Die Tabellen zeigen proportionale Zuordnungen.
Ergänze die fehlenden Werte.

TIPP
Bei proportionalen Zuordnungen …
… gehört zum Doppelten das Doppelte.
… ist der Quotient zugeordneter Werte (Stückpreis, Stundenlohn, …) immer gleich.

a)

Anzahl (Getränke)	Preis (€)
1	
2	3,60
5	
10	
	36,00

b)

Verbrauch (kWh)	Preis (€)
100	21,50
200	
400	
600	
	215,00

c)

Arbeitszeit (h)	Lohn (€)
1	
5	
10	85,00
15	
20	

d)

Weg (km)	Zeit (min)
2	
6	
8	
10	30
	45

2. Entscheide, welche Gerade zur genannten Zuordnung passt.

a) Taxifahrt
Die Grundgebühr bei einer Taxifahrt ist unabhängig von den gefahrenen km. Dazu passt

die Gerade Nr. ______.
Der Fahrpreis hängt nur von den gefahrenen

km ab. Dazu passt die Gerade Nr. ______.

Der Gesamtpreis ist die Summe aus Grund-

gebühr und Fahrpreis. Dazu passt Nr. ______.

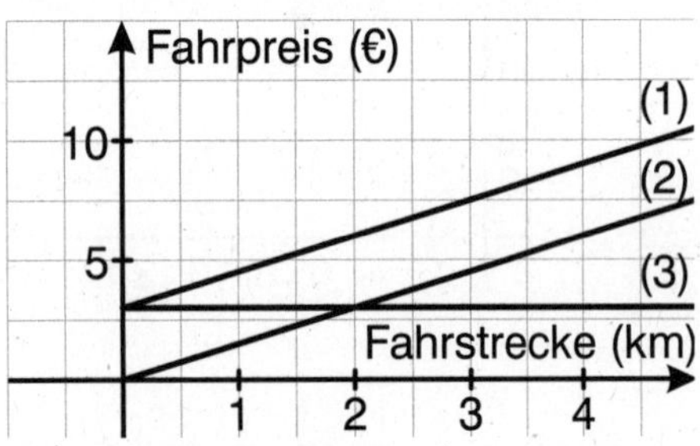

b) Kraftstoffverbrauch
Der Kraftstofftank eines Pkw ist kleiner als der eines Busses, aber größer als bei einem Motorrad. Der Bus braucht am meisten Kraftstoff, das Motorrad am wenigsten auf einer bestimmten Fahrstrecke.

Welche Gerade gehört zum Bus: ______,

zum Pkw: ______,

zum Motorrad: ______.

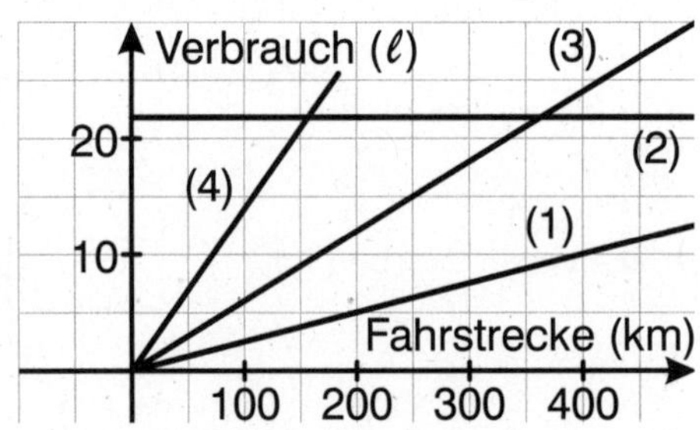

3. Sascha wohnt in Ardorf, Márton im 30 km entfernten Bestadt. Beide Ort sind durch einen Radweg verbunden.

a) Sascha fährt um 10 Uhr in Richtung Bestadt mit 15 $\frac{km}{h}$. Trage in die Tabelle ein, wie weit Sascha zu den angegebenen Zeiten gefahren ist.

b) Márton startet auch um 10 Uhr, er fährt Sascha entgegen mit 18 $\frac{km}{h}$. Ergänze die Tabelle mit den Entfernungen von Ardorf.

c) Trage für Sascha und Márton entsprechende Punkte ins Koordinatensystem ein.

Zeit	Entfernung von Ardorf	
	Sascha	Márton
10:00	0	30
10:10	2,5	27
10:20	5,0	24
10:30		
10:40		
10:50		
11:00		

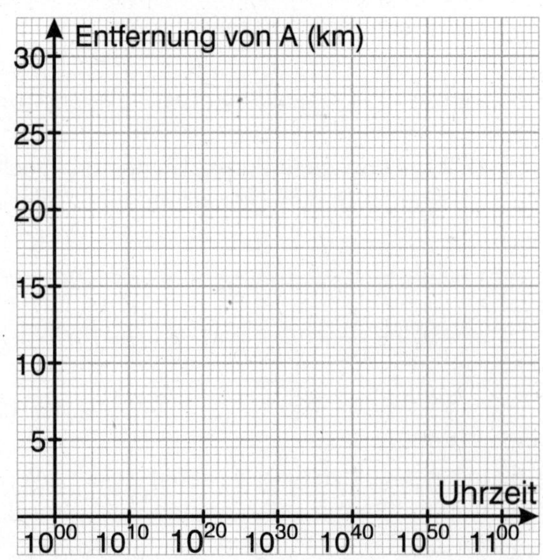

d) Wann und wie weit entfernt von Ardorf treffen sich Sascha und Márton?

1. Schreibe die Potenz als Produkt und berechne dieses im Kopf.

a) 7^2 = ____________________ = ______ b) 4^3 = ____________________ = ______

c) 3^4 = ____________________ = ______ d) 2^5 = ____________________ = ______

e) $(\frac{1}{2})^4$ = ____________________ = ______ f) $(0,1)^4$ = ____________________ = ______

2. Ordne die Potenzen ihren Ergebnissen in der Tabelle zu.

~~3^4~~ 2^8 81^1 16^2 5^4

4^4 25^2 9^2 $5 \cdot 5^3$

81	256	625
3^4		

3. Schreibe als Potenz und berechne diese.

a) Die Basis ist 7 und der Exponent 3. Lösung: ____________________

b) Die Basis ist 0,2 und der Exponent 5. Lösung: ____________________

c) Ein Drittel wird mit der Zahl 4 potenziert. Lösung: ____________________

4. Berechne die Potenzen mit dem Taschenrechner.

a) 3^9 = __________ 9^3 = __________ b) 6^5 = __________ 5^6 = __________

c) 11^3 = __________ 3^{11} = __________ d) $0,99^3$ = __________ $9,9^3$ = __________

e) $1,3^4$ = __________ 13^4 = __________ f) 12^4 = __________ $1,2^4$ = __________

5. Beachte die Reihenfolge, in der du rechnen sollst. Notiere die Buchstaben neben der Aufgabe unter die zugehörige Lösungszahl. Wenn du richtig gerechnet hast, ergibt sich eine deutsche Stadt.

a) $2 + 2 \cdot 3^2$ = ____________________ (M) b) $(2 \cdot 5)^2$ = ____________________ (O)

c) $3^7 - 7^3$ = ____________________ (U) d) $(17 - 13)^3$ = ____________________ (B)

e) $2 + 5^2$ = ____________________ (C) f) $100 \cdot (1 - 0,9)^2$ = ____________________ (H)

Lösungszahlen	64	49	100	27	1	36	1844	20
Buchstaben								

Lösungswort: ____________________

1. Vervollständige die Tabelle.

	Zahl	Zehnerpotenz	in Worten
a)	10	10^1	
b)			Eintausend
c)		10^6	
d)	1 000 000 000		
e)			eine Billion

2. Schreibe die Zahl einmal mit allen Nullen und einmal mit einer Zehnerpotenz als Faktor.

a) Fünftausend: ____________ = ______

b) 12 Millionen: ____________ = ______

c) 320 Milliarden: ____________ = ______

d) Eintausenddreihundert: ____________ = ______

e) 7 Millionen 500 Tausend: ____________ = ______

f) 1 Million 20 Tausend: ____________ = ______

3. Vervollständige die Lücken.

10 —$\cdot 10^2$→ [ ] —[$\cdot 10^3$]→ [ ] —[$\cdot$]→ [10^8] —[$:$]→ [10^{12}]

4. Rechne aus und schreibe dann als Zehnerpotenz. Wenn du die Ergebnisse der Größe nach ordnest, ergeben die zugehörigen Buchstaben einen Planeten.

a) $1000 \cdot 1000 =$ ____________ = ______ (A)

b) $10000 \cdot 10000000 =$ ____________ = ______ (N)

c) $100 \cdot 100000 =$ ____________ = ______ (T)

d) $1000 \cdot 10 =$ ____________ = ______ (S)

e) $10000 \cdot 1000000 =$ ____________ = ______ (R)

f) $100 \cdot 1000 \cdot 10000 =$ ____________ = ______ (U)

Lösungswort: ____________

5. Welches ist das richtige Ergebnis? Rechne ohne Taschenrechner. Die den Lösungen zugeordneten Buchstaben ergeben von oben nach unten gelesen eine Freizeitaktivität.

a) $30000 \cdot 200000 =$	(F) 600 000 000	(T) 6 000 000 000	(L) 60 000 000 000
b) $4000000 \cdot 2000 =$	(A) 8 000 000 000	(U) 80 000 000	(E) 800 000 000
c) $60 \cdot 60000 =$	(S) 360 000	(U) 3 600 000	(N) 36 000 000
d) $500000 \cdot 120000 =$	(C) 60 000 000 000	(B) $6 \cdot 10^9$	(T) 600 000 000 000
e) $30 \cdot 70000 =$	(A) $21 \cdot 10^6$	(I) $21 \cdot 10^4$	(H) $21 \cdot 10^5$
f) $11000 \cdot 1100 =$	(E) $121 \cdot 10^5$	(S) $1111 \cdot 10^5$	(L) $1 \cdot 10^7$
g) $16000000 \cdot 400000 =$	(M) $64 \cdot 10^{12}$	(R) $164 \cdot 10^{11}$	(N) $64 \cdot 10^{11}$

Lösungswort: ____________

1. Notiere in jeder Spalte immer die gleiche Zehnerpotenz in unterschiedlicher Schreibweise

Zehnerpotenz	10^{-3}			10^{0}			10^{-8}
Bruch		$\frac{1}{100}$			$\frac{1}{1000000}$		
Dezimalbruch			0,00001			0,0000001	

2. Schreibe die folgenden Längen ausführlich mit Ziffern.

Erdradius	$6{,}378 \cdot 10^{3}$ km	
Atomdurchmesser	$1 \cdot 10^{-10}$ m	
Entfernung Erde – Mond	$3{,}84 \cdot 10^{5}$ km	
Dicke eines Mikrochips	$2 \cdot 10^{-5}$ m	
Entfernung, die das Licht in einem Jahr zurücklegt (1 Lichtjahr)	$9{,}461 \cdot 10^{12}$ km	

3. Forme um in die Standardschreibweise.

a) 63 000 000 = ____________ b) 0,0000073 = ____________ c) 52 640 = ____________

d) 0,0067342 = ____________ e) 100 001 000 = ____________ f) 0,1234 = ____________

g) $634 \cdot 10^{7}$ = ____________ h) $25 \cdot 10^{-5}$ = ____________ i) $0{,}012 \cdot 10^{-9}$ = ____________

4. Schreibe die Potenzen in der Standardschreibweise mit einer Zehnerpotenz und ordne sie der Größe nach. Nutze zur Berechnung den Taschenrechner und runde auf zwei Nachkommastellen.

a) 5^{20}; $1{,}2^{222}$; $0{,}9^{258}$

b) 7^{-12}; $0{,}05^{-20}$, 3^{29}

a) ____________ < ____________ < ____________

b) ____________ < ____________ < ____________

5. Trage die passenden Geschwindigkeiten in die Tabelle ein.

Sprinter	
Schnecke	
Licht	
Wachstum Fingernagel	
Fußgänger	
Flugzeug	

$1{,}5 \cdot 10^{0}\ \frac{m}{s}$ $3 \cdot 10^{8}\ \frac{m}{s}$

$1 \cdot 10^{-9}\ \frac{m}{s}$ $5 \cdot 10^{3}\ \frac{m}{s}$ $2{,}5 \cdot 10^{2}\ \frac{m}{s}$

$2 \cdot 10^{-4}\ \frac{m}{s}$ $1 \cdot 10^{1}\ \frac{m}{s}$

6. Bill Gates, der reichste Mann der Welt, besitzt 100 Milliarden Dollar. Sein Heimatland, die USA, hat 14 Billionen Dollar Schulden. Wie viele Menschen, die so reich sind wie er, könnten die gesamten Schulden der USA tilgen?

Antwort: ____

1. Berechne die Wurzeln im Kopf.

a) $\sqrt{49}$ = ______ b) $\sqrt{25}$ = ______ c) $\sqrt{144}$ = ______ d) $\sqrt{400}$ = ______

e) $\sqrt{169}$ = ______ f) $\sqrt{361}$ = ______ g) $\sqrt{\frac{1}{4}}$ = ______ h) $\sqrt{\frac{1}{81}}$ = ______

i) $\sqrt{\frac{9}{16}}$ = ______ j) $\sqrt{\frac{36}{25}}$ = ______ k) $\sqrt{\frac{64}{121}}$ = ______ l) $\sqrt{\frac{49}{100}}$ = ______

2. Berechne zu den gegebenen Flächeninhalten von Quadraten jeweils die Seitenlänge und den Umfang.

a) $A = 64\ cm^2$
a = ______
u = ______ 5

b) $A = 81\ m^2$
a = ______
u = ______ 9

c) $A = 121\ mm^2$
a = ______
u = ______ 8

d) $A = 2{,}25\ km^2$
a = ______
u = ______ 6

e) $A = 1{,}44\ m^2$
a = ______
u = ______ 12

3. Berechne mit dem Taschenrechner und runde auf Hundertstel.

a) $\sqrt{2}$ = ______ b) $\sqrt{10}$ = ______ c) $\sqrt{99}$ = ______ d) $\sqrt{222}$ = ______

e) $\sqrt{5{,}2}$ = ______ f) $\sqrt{17{,}8}$ = ______ g) $\sqrt{0{,}1}$ = ______ h) $\sqrt{111{,}1}$ = ______

4. Zwischen welchen natürlichen Zahlen liegt die Wurzel? Streichst du diese weg, so ergibt sich von oben nach unten gelesen ein Tiername.

a) $\sqrt{40}$	(S) 5	(U) 6	(D) 7
b) $\sqrt{90}$	(C) 8	(O) 9	(E) 10
c) $\sqrt{20}$	(L) 4	(B) 5	(H) 6
d) $\sqrt{120}$	(F) 10	(O) 11	(W) 12
e) $\sqrt{180}$	(A) 12	(P) 13	(I) 14
f) $\sqrt{290}$	(N) 16	(S) 17	(N) 18

Lösungswort: ______________________

5. Ein 132,25 m² großer quadratischer Hühnerhof soll neu eingezäunt werden. Da er mit einer Seite an den Kuhstall grenzt, muss er nur an drei Seiten eingezäunt werden. Berechne die Kosten, wenn ein Meter Zaun 2,30 € kostet.

Antwort: ______________________________

______________________________ 24

1. Miss die Seitenlängen der Rechtecke und zeichne darunter jeweils ein Quadrat mit gleichem Flächeninhalt.

a)

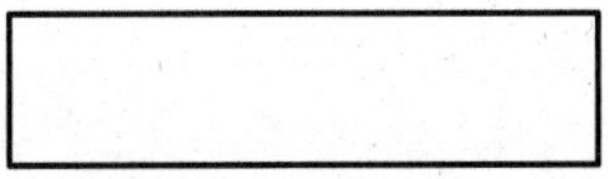

b)

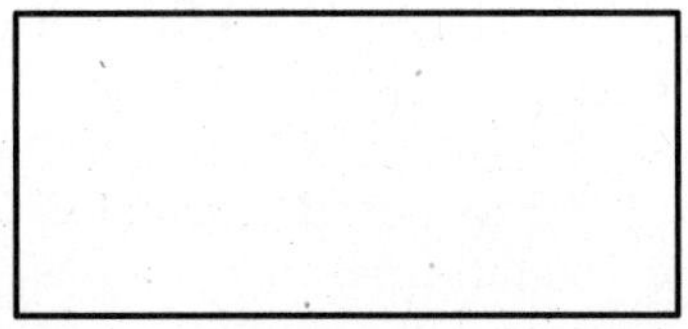

c)

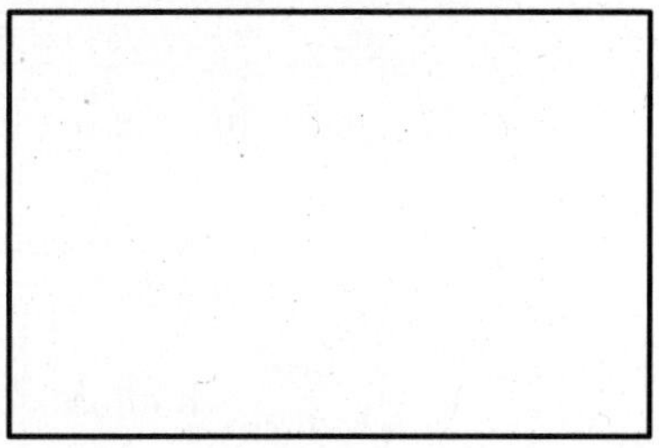

2. Gegeben sind die Kantenlängen von Rechtecken. Berechne jeweils die Kantenlänge eines Quadrats mit gleichem Flächeninhalt.

a) a = 27 m; b = 3 m; Quadrat: a = ____________

b) a = 30 cm; b = 7,5 cm; Quadrat: a = ____________

c) a = 22,5 mm; b = 14,4 mm; Quadrat: a = ____________

d) a = 26,4 m; b = 6,6 m; Quadrat: a = ____________

3. Berechne die fehlenden Größen des Würfels.

Kantenlänge							
Oberfläche	6	54 cm^2	486 dm^2	15	1 350 m^2	9	6
Volumen	125 m^3	9	18	512 cm^3	18	216 dm^3	1 000 m^3

4. a) Wie viel Meter Draht braucht man, um das Kantenmodell eines Würfels mit einem Volumen von 8 m^3 herzustellen?

Antwort: ______________________________ 6

b) Wie viel Quadratmeter Papier braucht man, um alle Seiten des Würfels damit zu bekleben?

Antwort: ______________________________ 6

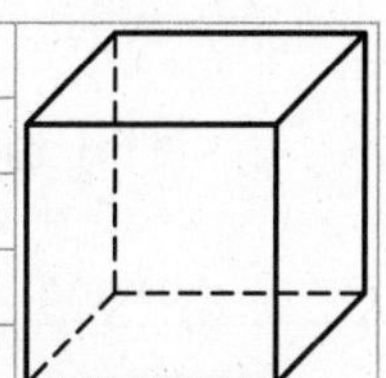

1. Ergänze die Tabelle für die Seiten (in cm) eines rechtwinkligen Dreiecks. Runde, wenn nötig, auf mm.

Kopfrechnen: $x = \sqrt{5^2 - 3^2} = \sqrt{16} = 4$
mit Taschenrechner: $x = \sqrt{15^2 - 13^2}$
[√] [(] 15 [x²] [−] 13 [x²] [)] [=] 7,483…
Ergebnis gerundet: x = 7,5 cm

	Hypotenuse	Kathete	Kathete	Hypotenusen-Quadrat = Summe der Katheten-Quadrate
Beispiel	____	6	8	$x^2 = 6^2 + 8^2 = 100 \quad \vert \sqrt{}$
Lösung	**10**	6	8	$x = 10$
a)	____	12	16	
b)	____	17	13	
Beispiel	13	____	12	$13^2 = x^2 + 12^2 \quad \vert -12^2$ $25 = x^2 \quad \vert \sqrt{}$
Lösung	**13**	**5**	12	$5 = x$
c)	26	____	24	
d)	39	____	36	
e)	5,2	____	3,4	
f)	15	9	____	
g)	20	10	____	

2. Bestimme jeweils die Länge der Seite x.

a) 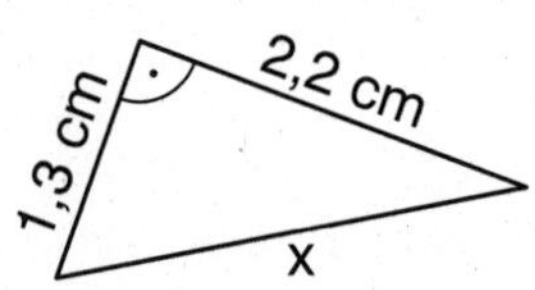

b) 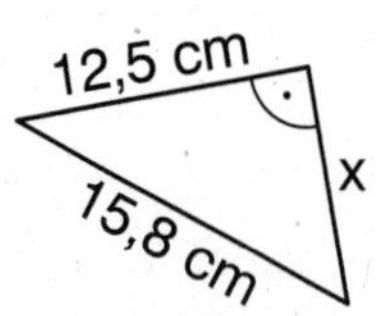

c) 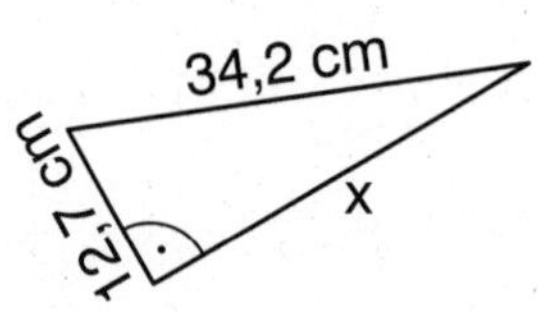

d) 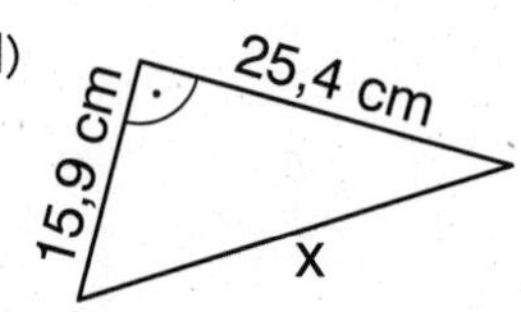

3. Zeichne die Punkte in das Koordinatensystem ein und berechne ihren Abstand. Überprüfe deine Rechnung jeweils durch Messen.

a) P(1 | 1); Q(3 | 3)

Abstand: ________

b) R(1,5 | 4); S(4,5 | 2,5)

Abstand: ________

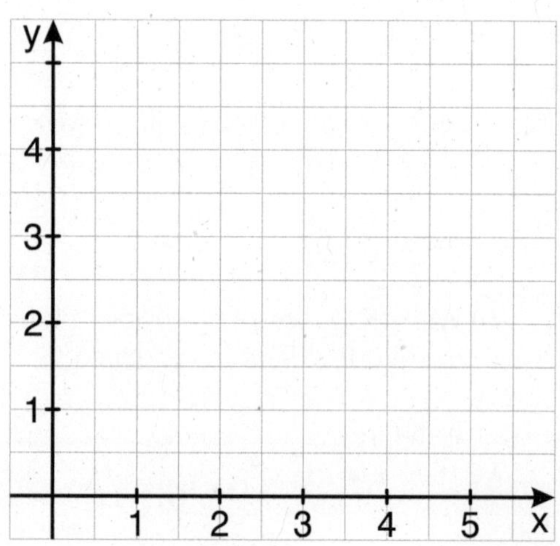

1. Eine 4,20 m hohe Leiter steht an einer Hauswand in 1,60 m Entfernung. In welcher Höhe berührt sie die Wand?

Antwort: ______________________________

______________________________ 19

2. Bestimme jeweils die fehlenden Größen.

a)

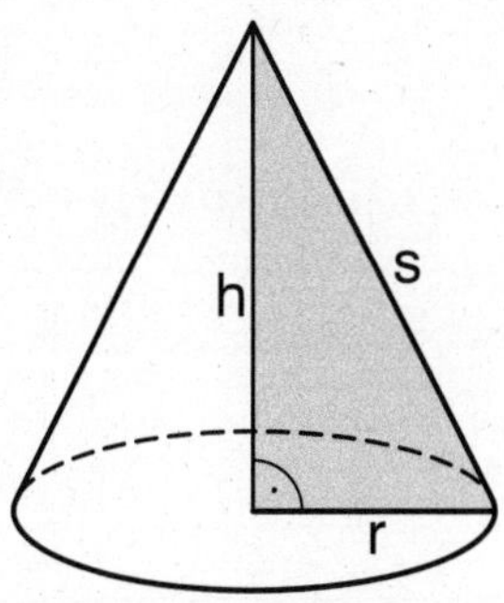

Formel: ______________________

r	4 cm		1,56 m
h	12 cm	6,1 dm	
s		8,7 dm	3,25 m

b)

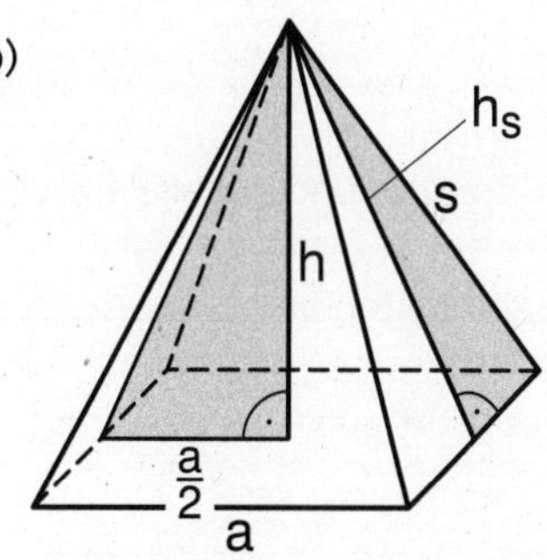

Formeln: ______________________

____

a	8 cm		6,2 dm	
h	12 cm	23 mm		
h_s		25 mm		4,12 m
s			8,5 dm	4,63 m

3. Bei einem Oktaeder sind alle Kanten gleich lang. Berechne für a = 2 cm den Abstand der gegenüberliegenden Ecken.

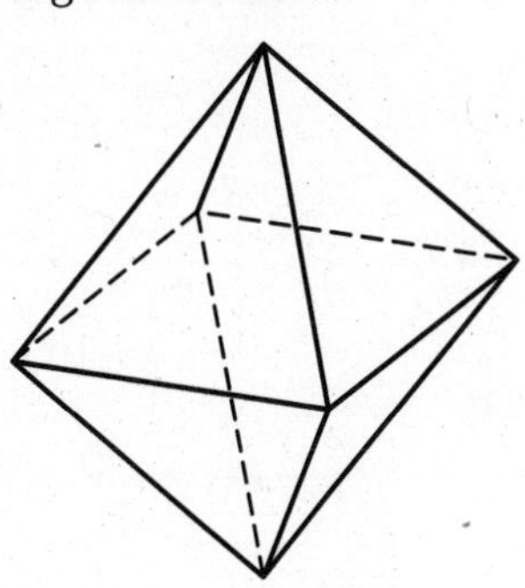

4. Vor rund 4500 Jahren wurde die Cheops-Pyramide in Gizeh erbaut, die größte ägyptische Pyramide. Sie hat eine quadratische Grundfläche mit einer Seitenlänge a = 230 m. Die Seitenkanten s der Pyramide sind jeweils 219 m lang. Berechne die Höhe h der Pyramide. Runde auf ganze Meter.

Antwort: ______________________________

____

1. Im Hotel „Adler“ gibt es x Einbettzimmer und y Zweibettzimmer.

a) Setze für x und y die angegebenen Zahlen ein und berechne die Anzahl der Betten.

$x = 8$ und $y = 3$, Bettenzahl: ______ 5 $x = 12$ und $y = 7$, Bettenzahl: ______ 8

b) Kreuze an, mit welchem Term (Rechenausdruck) du die Anzahl der Betten berechnen kannst.

$x + y$ ☐ $2x + y$ ☐ $x + 2y$ ☐ $2x + 2y$ ☐

2. Das Gasthaus „Krone“ hat insgesamt 40 Betten in Ein- und Zweibett-Zimmern.

a) Warum können es nicht 10 Einbett-Zimmer und 10 Zweibett-Zimmer sein?

Weil ______________________________

b) Wie viele Einbett-Zimmer und wie viele Zweibett-Zimmer können es sein?

Gib mehrere Möglichkeiten an: ______________________________

c) Warum können es nicht gleich viele Einbett- und Zweibett-Zimmer sein?

____

3. Ist das angegebene Zahlenpaar (x|y) eine Lösung der Gleichung? Prüfe durch Einsetzen.

	a) $2x + y = 20$	b) $3x - y = 10$	c) $-\frac{1}{2}y = 0$	d) $0{,}5x + 2y = 0$	e) $10x - 5y = 0$
Einsetzen:	(5|0)	(5|5)	(5|10)	(10|5)	(5|10)
Lösung:	______	______	______	______	______

4. Ergänze so, dass das Zahlenpaar (x|y) Lösung der Gleichung ist.

a) $y = 2x + 5$	b) $x + 2y = 10$	c) $x - 2y = 0$	d) $y = 2x - 5$	e) $y = \frac{1}{2}x + 10$
$x = 3$, $y =$ ____	$x = 4$, $y =$ ____	$y = 3$, $x =$ ____	$y = 17$, $x =$ ____	$x = 8$, $y =$ ____

5. Welche Gleichung passt zur Berechnung des Umfangs der Figur?

a) Rechteck

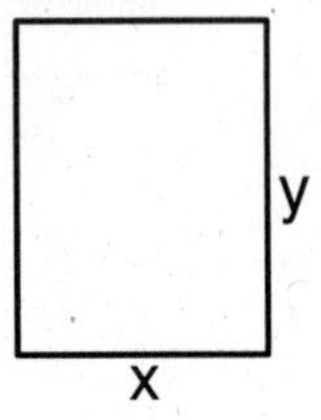

u = ____________

b) Quadrat

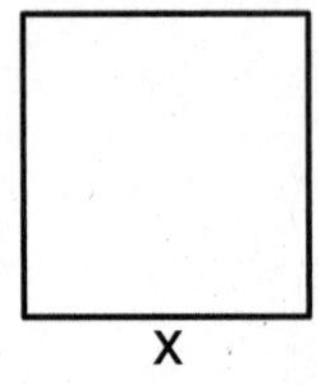

u = ____________

c) gleichschenkl. Dreieck

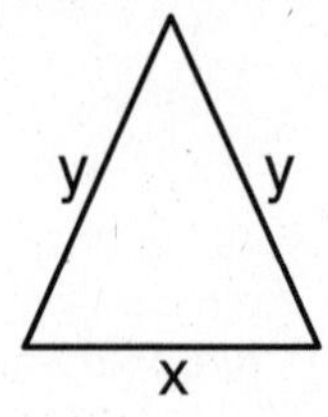

u = ____________

Gleichungen

- $u = 2x + y$
- $u = 2x + 2y$
- $u = 2y + x$
- $u = 4y$
- $u = 4x$

6. Gib für das Rechteck in Aufgabe 5a) jeweils zwei Lösungen an.

a) für $u = 20$ cm   1. Lösung: $x =$ ____, $y =$ ____   2. Lösung: $x =$ ____, $y =$ ____

b) für $u = 50$ cm   1. Lösung: $x =$ ____, $y =$ ____   2. Lösung: $x =$ ____, $y =$ ____

1. Bestimme für die Gleichung $2x + 17 = y$ mit den Variablen x und y die gesuchte Lösung.

a) für $x = 15$ ist $y =$ ________ b) für $x = -5$ ist $y =$ ________ c) für $x = \frac{1}{2}$ ist $y =$ ________

d) für $y = 23$ ist $x =$ ________ e) für $y = 0$ ist $x =$ ________ f) für $y = -7$ ist $x =$ ________

2. a) Löse beide Gleichungen nach y auf, dann zeichne dazu die Geraden in das Koordinatensystem.

(1) $2y = 6x - 4$ (2) $y - x = 1$

$y =$ ________ $y =$ ________

b) Lies im Koordinatensystem die Lösung des Gleichungssystems ab.

$x =$ ________ $y =$ ________

Probe:

(1) ________ (2) ________

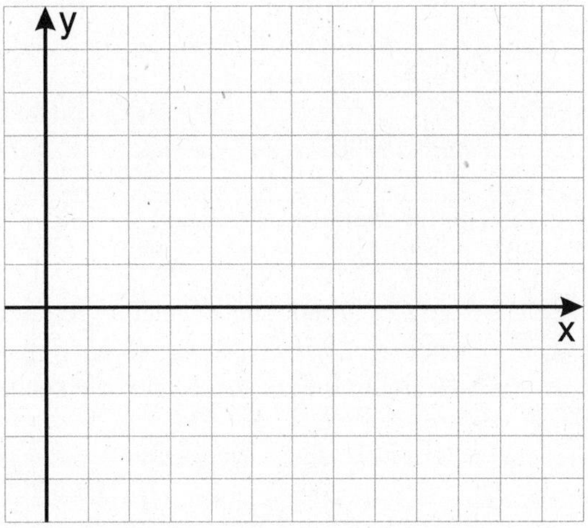

3. Hier sind zwei Gleichungen mit zwei Variablen. Löse die erste nach y auf, setze y in die zweite Gleichung ein. Berechne x und y. Notiere die Lösung.

a) (1) $y - x = 1$ (2) $2x + 3y = 28$

Lösung: $x =$ ________ $y =$ ________

Probe:

(1) ________ (2) ________

b) (1) $x + 2y = 60$ (2) $2x + 3y = 70$

Lösung: $x =$ ________ $y =$ ________

Probe:

(1) ________ (2) ________

4. Hier sind zwei Gleichungen mit zwei Variablen. Berechne x und y. Notiere deinen Lösungsweg.

a) (1) $3y = -2x + 13$ (2) $3y = x + 7$

Lösung: $x =$ ________ $y =$ ________

Probe:

(1) ________ (2) ________

b) (1) $2x + 3y = 40$ (2) $2x - y = 5$

Lösung: $x =$ ________ $y =$ ________

Probe:

(1) ________ (2) ________

1. Schreibe zu den Waagebildern das passende Gleichungssystem auf und löse es.

a)

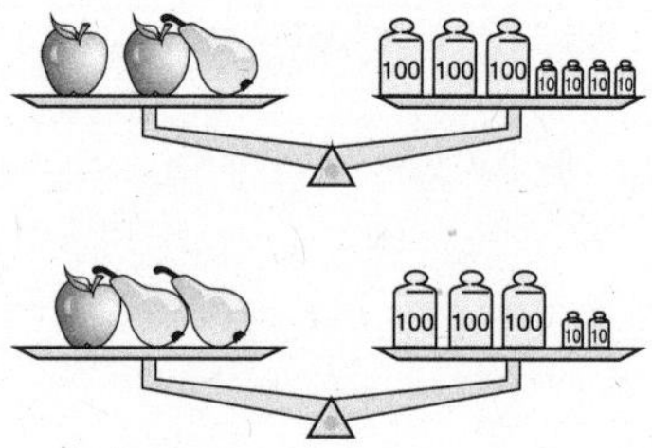

b)

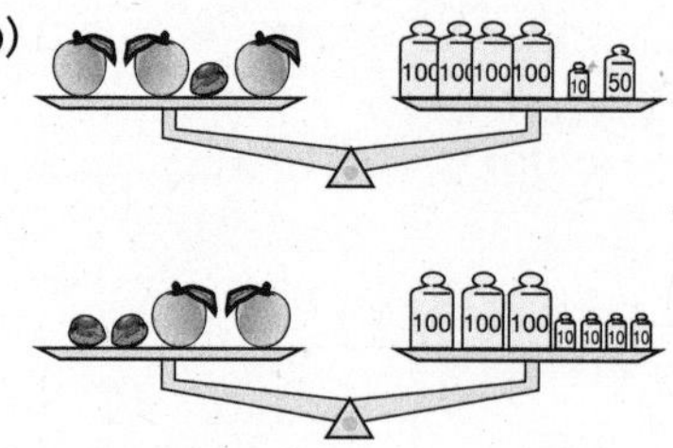

a)	b)
Gleichungen:	Gleichungen:
(1): ______________	(1): ______________
(2): ______________	(2): ______________
Lösung:	Lösung:
1 Apfel wiegt ______________ [3]	1 Pfirsich wiegt ______________ [10]
1 Birne wiegt ______________ [1]	1 Pflaume wiegt ______________ [7]

2. Löse die Aufgaben. Stelle Gleichungen auf, wenn dir das hilft. Schreibe einen Antworttext.

a) Zwei Elefanten wiegen so viel wie sechs Pferde. Alle acht Tiere wiegen zusammen 9,6 t.

b) Fünf Eier kosten 1,50 €. Für 10 Eier und zwei Brote zahlt Kai zusammen 7,20 €.

c) In einer Firma gibt es für Arbeiter und Arbeiterinnen zwei verschiedene Monatslöhne (Lohnstufen I und II). Berechne den Monatslohn in beiden Lohnstufen. Das ist bekannt:
(1) 5 Monatslöhne in Lohnstufe I und 4 in Lohnstufe II sind zusammen 19 700 €.
(2) 6 Monatslöhne in Lohnstufe I und 6 in Lohnstufe II sind zusammen 25 800 €.

1. Ergänze

a) 750 cm = ________ m b) 3 100 m = ________ km

c) ________ mm = 5,2 cm d) ________ m = 0,7 km

e) 2 Mio. cm = ________________ m = ____________ km

f) ________________ cm = ____________ m = 5 km

2. Ergänze die Angaben in der Tabelle.

	a) Stadtplan	b) Wanderkarte	c) Straßenkarte	d) Europakarte
Maßstab	1 : 25 000	1 : 50 000	1 : 200 000	1 : 4 000 000
Länge in der Karte	5 cm		25 cm	
Länge in Wirklichkeit		15 km		1 200 km

3. Der Lageplan zeigt drei Burgen. Schaffst du alle drei Burgen in 2 Stunden? Bearbeite dazu die Teilaufgaben.

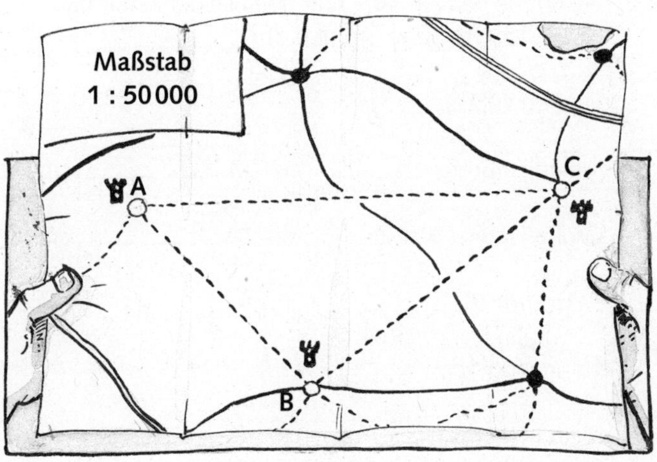

a) Miss die Entfernungen auf dem Lageplan:

$\overline{AB}$ ________ cm $\overline{BC}$ ________ cm

$\overline{CA}$ ________ cm

b) Der Maßstab 1 : 50 000 bedeutet 1 cm auf dem Lageplan sind

________ cm = ________ km in Wirklichkeit.

c) Die Länge des Wanderwegs von A über B nach C beträgt ________ km.

d) Beim Wandern schaffst du 5 km pro Stunde. Wie lange dauert es dann von A über B nach C?

________ h = ________ min

e) Schaffst du alle drei Burgen, wenn du in A startest und eine halbe Stunde Pause in B machst?

____

4. a) Eine Frau ist auf einem Foto 3,4 cm groß. In Wirklichkeit ist sie 1,70 m groß. Maßstab: ____________

b) Auf einem Foto ist eine Biene 2,5 cm lang. Die Abbildung hat den Maßstab 5 : 3.

Länge der Biene in Wirklichkeit: ____________

c) Die (Luftlinien-) Entfernung von Bonn nach Kassel beträgt 200 km.
Wie weit ist auf einer Landkarte im Maßstab 1 : 3 000 000 Kassel von Bonn entfernt? ____________

1. Ist die große Figur eine maßstäbliche Vergrößerung der kleinen? Wenn ja, dann bestimme den (Vergrößerungs-)Faktor.

a)

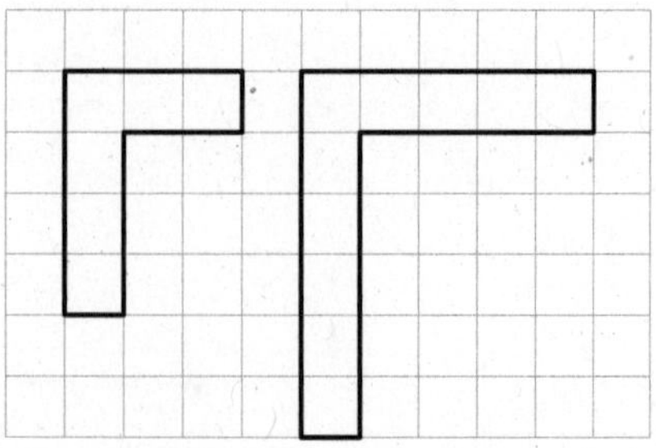

Vergrößerung: ja ☐ nein ☐

Wenn ja, Faktor: ____________

b)

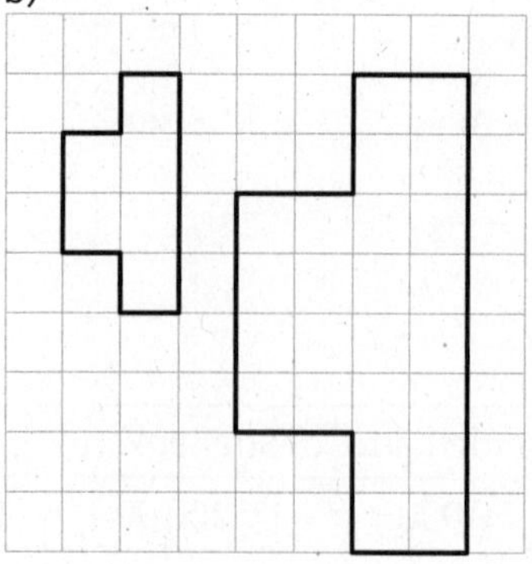

Vergrößerung: ja ☐ nein ☐

Wenn ja, Faktor: ____________

c)

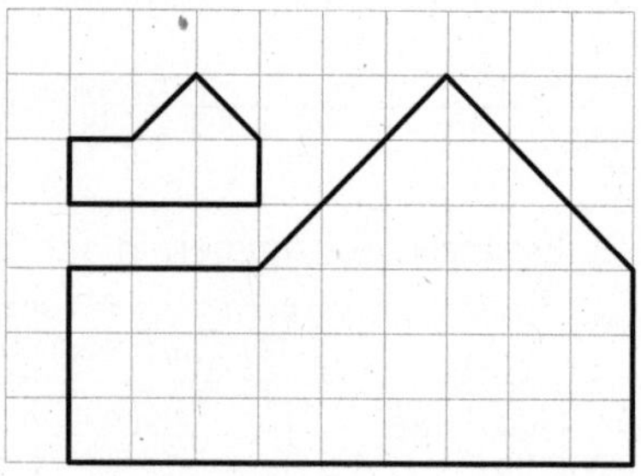

Vergrößerung: ja ☐ nein ☐

Wenn ja, Faktor: ____________

2. Bestimme den Umfang und den Flächeninhalt der Figuren zu Aufgabe 1b) und c).

Figuren zu 1b):

Kleine Figur u = ________ [6] cm A = ________ [6] cm^2

Große Figur u = ________ [3] cm A = ________ [6] cm^2

Faktor für u: ________ für A: ________

Figuren zu 1c):

Kleine Figur u = ________ [8] cm A = ________ [1] cm^2

Große Figur u = ________ [6] cm A = ________ [9] cm^2

Faktor für u ________ für A ________

3. Die angefangene kleine Figur soll eine Verkleinerung der großen Figur werden. Bestimme den Maßstab und den (Verkleinerungs-)Faktor.

a)

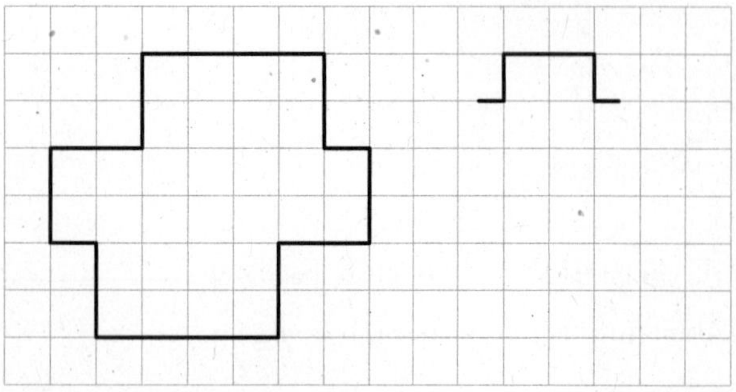

Maßstab: ____________ Faktor: ____________

b)

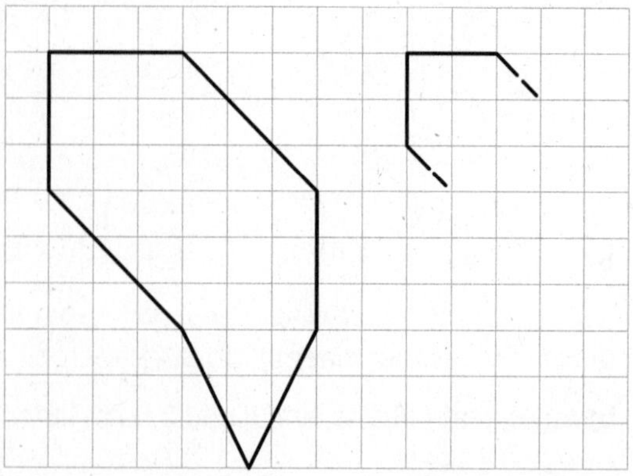

Maßstab: ____________ Faktor: ____________

1. DIN-A-Formate

a) Miss und vergleiche die Seitenlängen dieses Arbeitsheftes mit den Angaben für ein DIN-A4-Blatt.

Höhe ______________ Breite ______________

b) Berechne das Seitenverhältnis Höhe : Breite. Runde auf Hundertstel (2 Stellen nach dem Komma).

c) Ein DIN-A5-Blatt hat dasselbe Seitenverhältnis und ist mit 21 cm so hoch wie das DIN-A4-Blatt breit ist.

Die Breite des DIN-A5-Blattes ist also ______________ cm. 14

d) Ein DIN-A3-Blatt ist mit 29,7 cm so breit wie ein DIN-A4-Blatt hoch ist. Seine Höhe ist ______________ cm. 6

2. Fotos von Digitalkameras und Bildschirme von Computern und Fernsehgeräten haben häufig das Format 4 : 3.

a) Prüfe, welches der beiden Fotos ungefähr das Format 4 : 3 hat.

Setze ein ≈ oder ≉. 4 : 3 ☐ 13 : 10 4 : 3 ☐ 15 : 10

b) Ergänze die Tabelle für Fotos im Format 4 : 3.

Breite (in cm)	Höhe (in cm)
12	9
16	
20	
	18
	21
	24

3. Das Seitenverhältnis Breite : Höhe = 3 : 2 findet man häufig bei Fotos, bei Dias auf Kleinbildfilmen und teuren Digitalkameras.

a) Prüfe, ob das sogenannte „13er"-Papier mit den angegebenen Maßen im Format 3 : 2 ist.

10 cm : 15 cm ______________

102 mm : 152 mm ______________

b) Ein Bild hat das Format 3 : 2. Es ist 25 cm breit. Berechne seine Höhe. ______________

c) Ein Bild hat das Format 3 : 2. Es ist 40 cm hoch. Berechne seine Breite. ______________

4. Ein TV-Bildschirm liefert Bilder im Format 16 : 9.
Ergänze die Tabelle für solche Bildschirme.

Breite (cm)	20	30	40			
Höhe (cm)				60	80	100

1. Schreibe in jede Spalte den gleichen Anteil in der angegebenen Schreibweise.

Prozentsatz	50 %	75 %						
Dezimalzahl			0,6	0,25				
Hundertstel-Bruch					$\frac{5}{100}$	$\frac{3}{100}$		
Gekürzter Bruch							$\frac{1}{5}$	$\frac{3}{10}$

2. Bestimme durch Kopfrechnen den Prozentwert.

a) 10 % von 350 €: ________ b) 20 % von 500 kg: ________

c) 25 % von 160 m: ________ d) 5 % von 80 g: ________

3. Bestimme zuerst 1 %, berechne dann den Grundwert (100 %).

a) 15 € sind 5 % von ________ b) 12 kg sind 3 % von ________

c) 80 m sind 4 % von ________ d) 30 g sind 6 % von ________

4. Bestimme zuerst 10 %, berechne dann den Grundwert (100 %).

a) 150 € sind 30 % von ________ b) 120 kg sind 40 % von ________

c) 200 m sind 20 % von ________ d) 300 g sind 60 % von ________

5. Bestimme den Grundwert (100 %). Tipp: Überlege zuerst, welchem Bruch der Prozentsatz entspricht. Runde, wenn nötig.

a) 50 % sind 2,50 € von ________ b) 25 % sind 1,50 kg von ________

c) 33 % sind 3,60 m von ________ d) 75 % sind 600 g von ________

6. Welcher Anteil ist grau? Schreibe den Bruch und den Prozentsatz dazu auf.

	a)	b)	c)	d)
Das „Ganze" und ein Teil (grau)	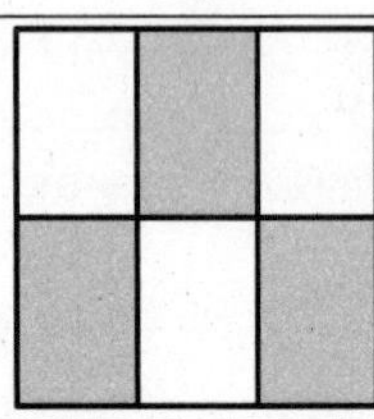	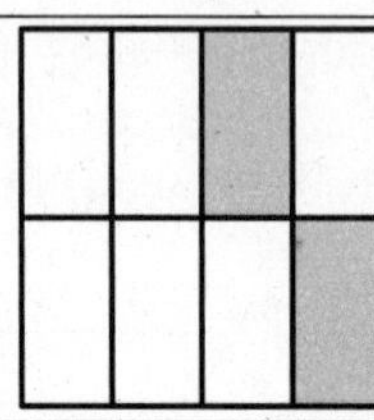	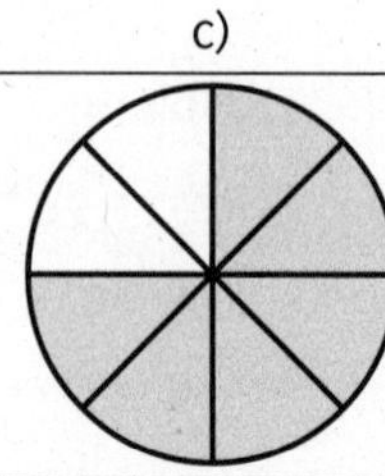	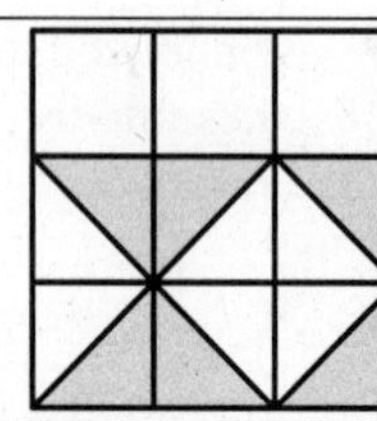
Gekürzter Bruch				
Prozentsatz				

7. Ein Anfangswert nimmt um den angegebenen Prozentsatz zu. Berechne schrittweise den Endwert.

	a)	b)	c)	d)	e)
Anfangswert	2000 €	10400 €	20000000 €	15,50 €	44,80 €
Zuwachs in % um Betrag	10 % ________	50 % ________	100 % ________	20 % ________	25 % ________
Endwert	________ € [4]	________ € [12]	________ € [4]	________ € [15]	________ € [11]

1. Was ist gegeben: Grundwert (G), Prozentwert (W) oder Prozentsatz (p %)? Bestimme den fehlenden Wert.

a) 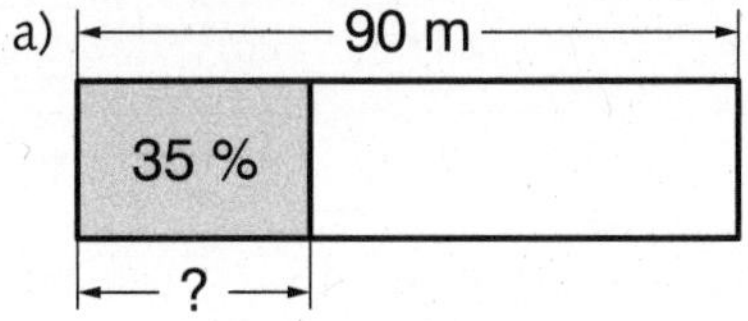

G = ______________

W = ______________

p % = ______________

b) 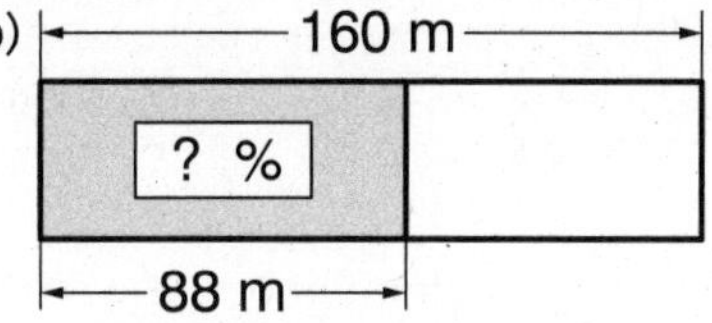

G = ______________

W = ______________

p % = ______________

c) 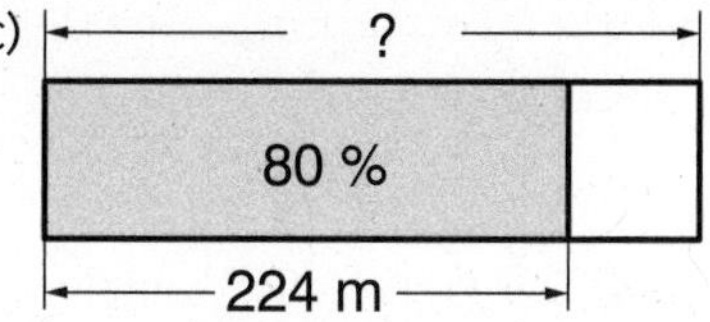

G = ______________

W = ______________

p % = ______________

2. Berechne die fehlenden Werte in der Tabelle. Beachte die Formel: $W = G \cdot \frac{p}{100}$

Grundwert	2 500 €	3 750 €		38,20 m		960 t	
Prozentsatz	12 %		16 %		85 %	115 %	150 %
Prozentwert		300 €	14,40 €	3,82 m	12,58 kg		4,8 t

3. Banken und Sparkassen wenden die Prozentrechnung zur Berechnung von Zinsen an.
Ergänze die Angaben:
Das Kapital entspricht in der Zinsrechnung dem ______________.

Der Prozentsatz heißt in der Zinsrechnung ______________.

Die Zinsen entsprechen dem ______________ in der Prozentrechnung.

4. Bestimme die fehlenden Werte. Rechne möglichst im Kopf.

a) Jahreszinsen?

5 %	[15]
1 %	
100 %	75 €

b) Kapital?

12 %	900 €
1 %	
100 %	[12]

c) Jahreszinsen?

3,5 %	[16]
1 %	
100 %	650 €

d) Kapital?

2,8 %	3 640 €
1 %	
100 %	[4]

5. Fülle die Tabelle aus. Ordne die passenden Angaben aus den Behältern einander zu.

Kapital	**Zinssatz**	**Zinsen**

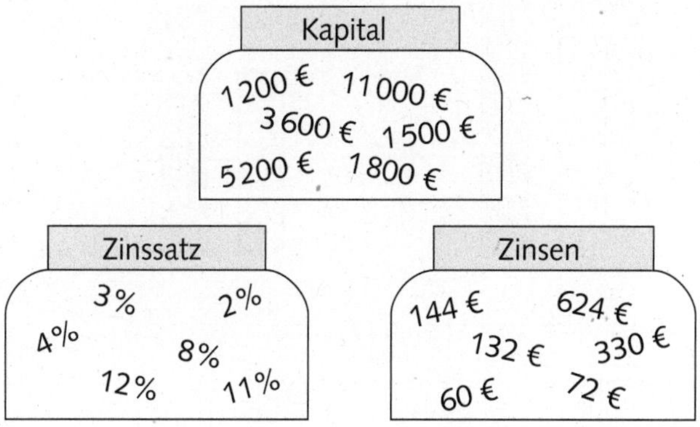

Vermehrter und verminderter Grundwert

1. Im Jahr 2011 war das Monatsgehalt von Frau Adler 2350 €. Es ist nach einer Beförderung zum 1. Mai 2012 um 15 % gestiegen. Berechne die Steigerung und das neue Monatseinkommen.

Steigerung um ______________________ € [15]   Monatsgehalt am 1. Mai 2012: ______________________ € [16]

2. a) Der Preis eines Mantels wird bei einem Sonderangebot von 290,– € um 20 % gesenkt.

Neuer Preis: ______________________ [7]

b) Der Benzinpreis stieg von 1,45 € pro Liter um 15 %. Berechne den neuen Preis. Runde.

Neuer Preis: ______________________ [14]

3. Berechne den fehlenden Wert.

a)

Alter Lohn	1780 €
Lohnerhöhung	3,5 %
Neuer Lohn	[18]

b)

Alter Preis	448 €
Preissenkung	45 %
Neuer Preis	[16]

4. Berechne, um wie viel Euro und um wie viel Prozent der alte Preis gestiegen ist. Rechne im Kopf, kontrolliere mit dem Taschenrechner.

Alter Preis	250 €	800 €	1000 €	24000 €
Neuer Preis	300 €	1000 €	1150 €	30000 €
Steigerung (in €)				
Steigerung (in %)				

5. Um wie viel Prozent (p %) ist der dunkle Balken höher oder niedriger als der helle Balken? Gib auch den Faktor (1 plus/minus $\frac{p}{100}$) an zwischen den Höhen.

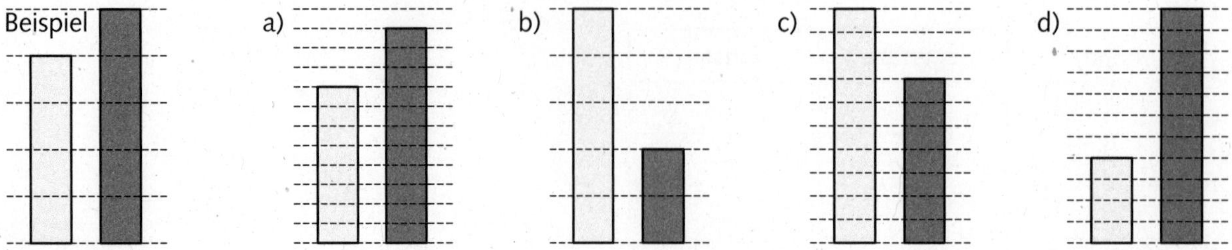

Beispiel	a)	b)	c)	d)
25% höher	______ %	______ %	______ %	______ %
Faktor 1,25	______	______	______	______

1. Mit welchem Prozentfaktor kann man den Endwert in einem Schritt berechnen?

a) Erhöhung um 20 %; Faktor ________ 3

b) Erhöhung um 9 %; Faktor ________ 10

c) Verminderung um 30 %; Faktor ________ 7

d) Verminderung um 5 %; Faktor ________ 14

2. Bestimme den Prozentfaktor bzw. den Prozentsatz der Preiserhöhung oder Preisverminderung.

Erhöhung (+) Verminderung (–)	+19 %	+110 %	–12 %	–50 %			
Prozentfaktor					1,06	2,5	0,89

3. Gib zum Sachtext zuerst den Prozentfaktor an, berechne dann den gesuchten Wert in einem Schritt.

a) Von den 70 kg Kartoffeln, die Herr Ödemir im Großmarkt kaufte, konnte er 15 % nicht auf dem Wochenmarkt verkaufen.

Prozentfaktor: ________ Herr Ödemir verkaufte ________ 19 kg Kartoffeln.

b) Der Verbrauch an Heizöl in einem Haus stieg im letzten Jahr von 2570 Liter um 14 %.

Prozentfaktor: ________ Der Heizölverbrauch stieg auf ________ 30 Liter.

c) In Neustadt stieg die Einwohnerzahl zwischen 1990 und 2010 von 750 000 um ein Viertel.

Prozentfaktor: ________ Einwohnerzahl in 2010: ________ 24

4. Rechne mit dem Prozentfaktor. Um wie viel Prozent wird jeweils vermehrt (+) bzw. vermindert (–)?

a) 340 € $\xrightarrow{\cdot 1{,}25}$ [ ] + 25 %

b) 24 € $\xrightarrow{\cdot 1{,}06}$ [ ] + ___ %

c) 155 € $\xrightarrow{\cdot 2{,}6}$ [ ] + ___ %

d) 78 m $\xrightarrow{\cdot 0{,}85}$ [ ] – ___ %

e) 175 m $\xrightarrow{\cdot 0{,}75}$ [ ] – ___ %

f) 410 m $\xrightarrow{\cdot 0{,}08}$ [ ] – ___ %

g) [ ] $\xrightarrow{\cdot 0{,}52}$ 7,8 m ___ %

h) [ ] $\xrightarrow{\cdot 1{,}35}$ 60,75 € ___ %

i) [ ] $\xrightarrow{\cdot 1{,}4}$ 938 g ___ %

1. Berechne die Jahreszinsen und das Kapital nach einem Jahr.

a) Das kannst du sicher im Kopf ausrechnen.

Kapital	300 €	600 €	1 200 €
Zinssatz	5 %	3 %	4 %
Jahreszinsen			
Kapital nach 1 Jahr	9	15	15

b) Hier ist ein Taschenrechner sinnvoll.

Kapital	345 €	590 €	1 210 €
Zinssatz	5 %	3,5 %	3,75 %
Jahreszinsen			
Kapital nach 1 Jahr	18	18	24

2. Zuerst Kopfrechnen, dann den Taschenrechner benutzen. Die erste Aufgabe (1) gilt als Überschlagsrechnung für die zweite (2). Rechne, vergleiche und kontrolliere selbst deine Ergebnisse.

Kapital	a) (1) 700,00 €	(2) 685,50 €	b) (1)	(2)	c) (1)	(2)
Zinssatz	4 %	4,1 %	5 %	4,9 %		
Jahreszinsen			40,00 €	40,50 €	50,00 €	44,32 €
Kapital nach 1 Jahr					1 050,00 €	1 029,32 €

3. Wie viel Zinsen muss man zahlen für den Bruchteil eines Jahres?

a) 9 % Zinsen von 600 € für ein halbes Jahr. ____________ 9

b) 8 % Zinsen von 650 € für ein Vierteljahr. ____________ 4

c) 11 % Zinsen von 12 000 € für ein drei viertel Jahr. ____________ 18

4. Rechne mit der Formel für Tageszinsen: $Z = K \cdot \frac{p}{100} \cdot \frac{t}{360}$

	a)	b)	c)	d)	e)
Kapital K	23,40 €	856,90 €	10 500,00 €	1 000 000 €	2,5 Mio €
Zinssatz p %	4 %	5,9 %	12,5 %	9 %	11 %
Tage t	200	170	100	30	1
Zinsen Z	7	20	26	12	35

1. Ein Kapital von 3 000 € bleibt 3 Jahre auf einem Konto. Nach jedem Jahr werden 5 % Zinsen gezahlt. Das Endkapital kannst du so berechnen:

(1) Zu 5 % Zinssatz gehört ein Zinsfaktor von ____________

(2) Nach einem Jahr beträgt das Kapital: 3 000 € · ____________ = ____________

(3) Nach zwei Jahren beträgt das Kapital: ____________ · ____________ = ____________

(4) Nach drei Jahren beträgt das Kapital: ____________ · ____________ = ____________ 32

2. Berechne schrittweise das Kapital. Bestimme zuerst den Zinsfaktor (Wachstumsfaktor). Dann ergänze die Tabelle.

Anfangskapital: K = 3 500 €
Zinssatz: p % = 2,5 %

Zinsfaktor: ________

Jahr		Kapital
1	Anfang	3 500,00 €
	Ende	
2	Anfang	
	Ende	
3	Anfang	
	Ende	
4	Anfang	
	Ende	28

3. Berechne zuerst den Zinsfaktor, dann kannst du das Kapital nach der angegebenen Zeit in einem Rechenschritt mit dem Taschenrechner bestimmen.

Kapital	a) 4 000 €	b) 250 €	c) 10 000 €	d) 20 000 €	e) 1 000 000 €
Zinssatz p %	3 %	4 %	3,5 %	7,4 %	2,9 %
Zinsfaktor					
Nach … Jahren	4	5	6	10	12
Endkapital	15	14	26	38	40

4. Nach wie vielen Jahren hat sich ein Kapital von 1 000 € verdoppelt?

TIPP
Berechne zuerst den Zinsfaktor, dann bestimme, wie oft du damit multiplizieren musst.

a) Zinssatz 10 %. Verdopplungszeit: ________ Jahre

b) Zinssatz 5 %. Verdopplungszeit: ________ Jahre

c) Zinssatz 4 %. Verdopplungszeit: ________ Jahre

d) Zinssatz 2 %. Verdopplungszeit: ________ Jahre

e) Zinssatz 1 %. Verdopplungszeit: ________ Jahre

1. Wähle die passende Formel, dann berechne den Flächeninhalt der Figur.

Formeln zur Flächenberechnung: $A = g \cdot \frac{h}{2}$ $A = a \cdot b$ $A = a^2$ $A = g \cdot h$

a) Quadrat

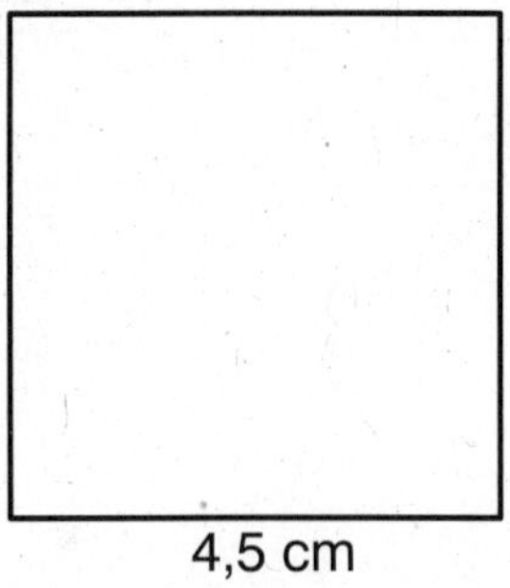

A = ______ 9

b) Rechteck

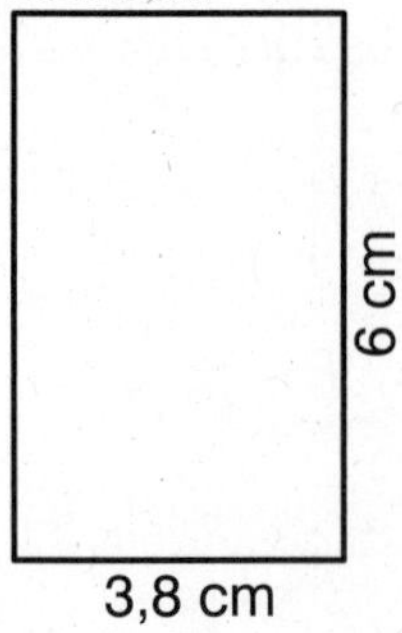

A = ______ 12

c) Parallelogramm

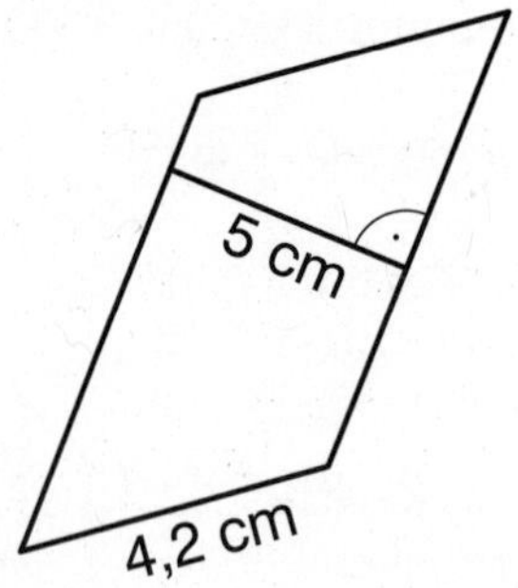

A = ______ 3

d) Dreieck

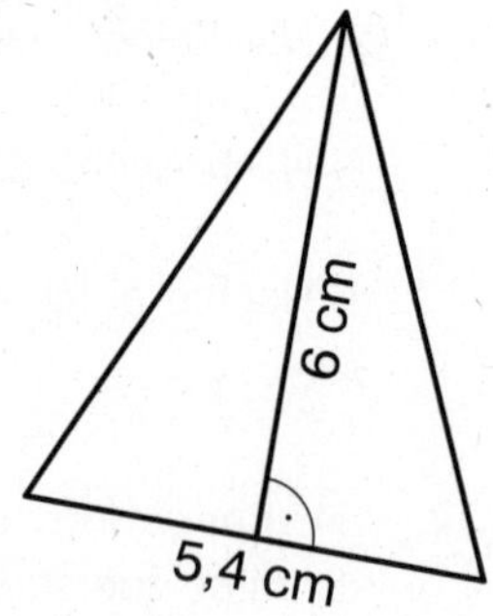

A = ______ 9

2. Berechne den Flächeninhalt der grauen und der weißen Fläche. Jedes Kästchen ist 1 cm x 1 cm.

a)

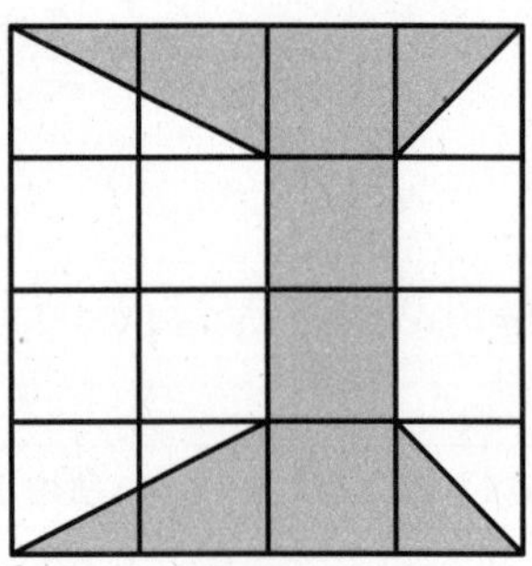

graue Fläche: ______

weiße Fläche: ______

b)

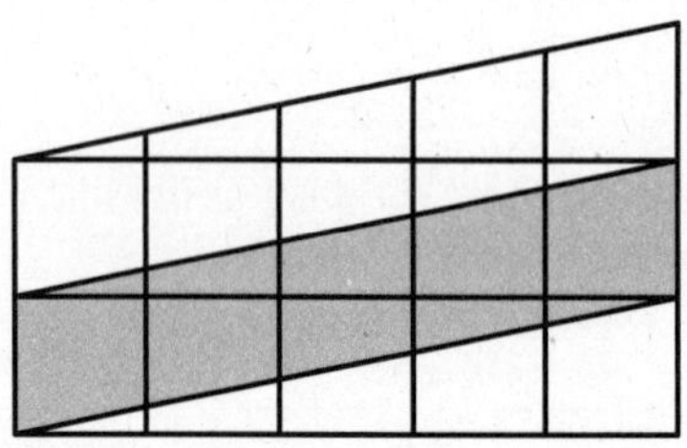

graue Fläche: ______

weiße Fläche: ______

c)

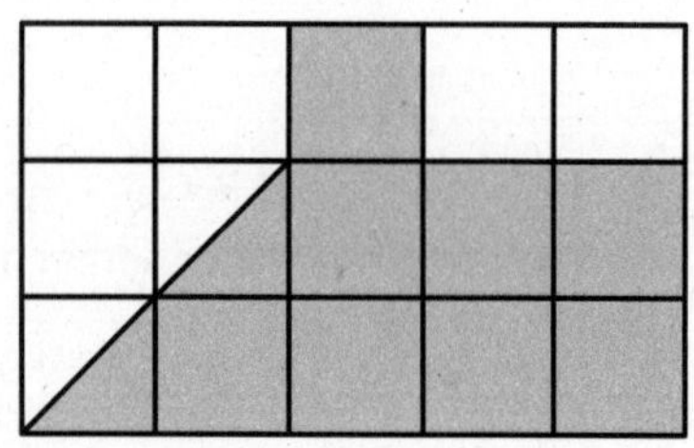

graue Fläche: ______

weiße Fläche: ______

3. a) Berechne den Flächeninhalt des großen Quadrats. ______

b) Wie oft passt das kleine Quadrat in das große? ______

c) Wie oft passt ein Dreieck in das kleine Quadrat? ______

d) Berechne den Flächeninhalt der gesamten Figur. ______

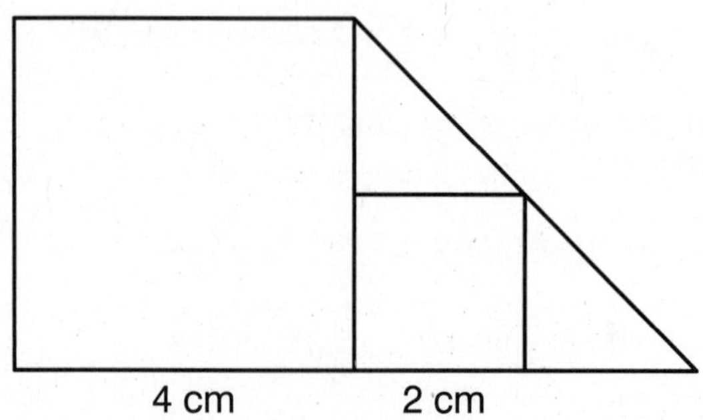

Radius r	Durchmesser $d = 2r$
Pi $\pi \approx 3{,}14$	Umfang $u = 2\pi r$
	Flächeninhalt $A = \pi r^2$

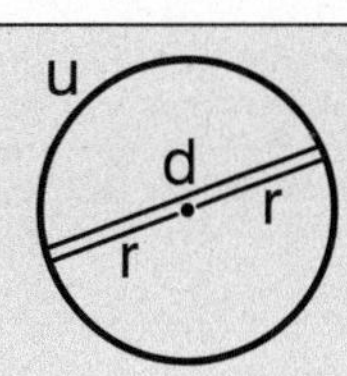

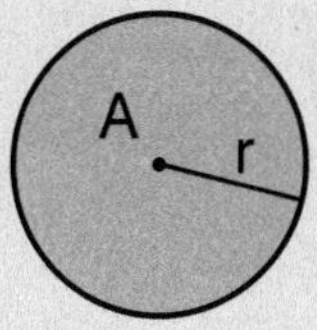

1. Ein Kreis hat den Radius r = 4,7 cm. Berechne und runde, wenn nötig, auf Zehntel.

Durchmesser d = ________ [13] cm   Umfang u = ________ [16] cm   Flächeninhalt A = ________ [19] cm^2

2. Ein kleiner Kreis hat den Radius r = 5 cm. Ein größerer Kreis hat einen doppelt so großen Radius. Berechne und runde sinnvoll.

a) Umfang des kleinen Kreises: ________   Flächeninhalt des kleinen Kreises: ________

b) Umfang des großen Kreises: ________   Flächeninhalt des großen Kreises: ________

3. Zeichne einen Kreis mit r = 3 cm. Zeichne einen zweiten Kreis mit dem gleichen Mittelpunkt und einem halb so großen Radius. Berechne den Umfang und den Flächeninhalt beider Kreise und den Inhalt der Fläche zwischen den beiden Kreisen. Runde sinnvoll.

Zeichnung

×M

Rechnung

$u_{\text{kleiner Kreis}} =$ $u_{\text{großer Kreis}} =$

$A_{\text{kleiner Kreis}} =$ $A_{\text{großer Kreis}} =$

$A_{\text{zwischen den Kreisen}} =$

4. Die Flügel eines Windrades beschreiben einen Kreis mit einem Durchmesser von 40 m.

a) Berechne den Flächeninhalt dieses Kreises, runde auf m^2. A = ________ [15]

b) Berechne die Weglänge einer Flügelspitze bei einer Umdrehung, runde auf m. u = ________ [9]

5. In den Feldern stehen für 5 kreisrunde Gegenstände die Radien, Durchmesser, Umfangs- und Flächeninhaltsangaben. Sortiere und notiere, was wozu passt.

Radius	Durchmesser	Umfang	Flächeninhalt
6 cm 12 m 1,25 cm 17 cm 9,15 m	2,5 cm 18,30 m 34 cm 24 m 12 cm	57,5 m 107 cm 75,4 m 7,9 cm 37,7 cm	452 m^2 4,91 cm^2 908 cm^2 263 m^2 113 cm^2

2-€-Münze	r = ________	d = ________	u = ________	A = ________
CD	r = ________	d = ________	u = ________	A = ________
Dart-Scheibe	r = ________	d = ________	u = ________	A = ________
Blumenbeet	r = ________	d = ________	u = ________	A = ________
Kreis auf Fußballfeld	r = ________	d = ________	u = ________	A = ________

1. Der Körper wurde aus gleichen Würfeln ohne Lücken zusammengebaut.

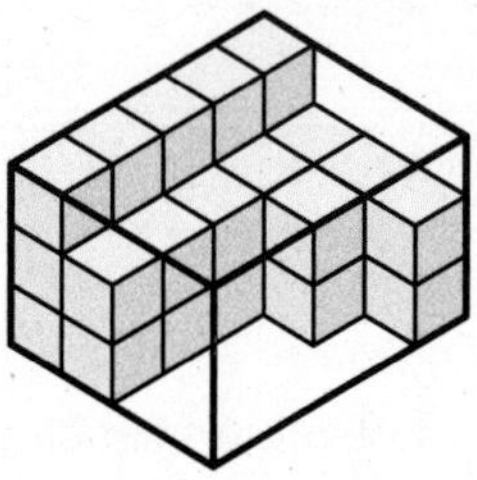

a) Wie viele kleine Würfel wurden beim Bauen verwendet?

____

b) Wie viele kleine Würfel werden noch gebraucht, um den angedeuteten Quader zu bauen?

____

2. a) Aus dem Körper (Aufgabe 1) soll ein großer Würfel gebaut werden. Wie viele kleine Würfel hat dann der große Würfel?

____

b) Aus 1 000 kleinen Würfeln kann man einen größeren Würfel bauen.

Dieser Würfel hat ________ kleine Würfel in der untersten Schicht.

c) Kann man aus 900 kleinen Würfeln einen großen Würfel bauen? Entscheide und begründe deine Antwort mit einer Rechnung.

____

____

3. Zeichne das Netz des Prismas. Dann berechne die Oberfläche und das Volumen.

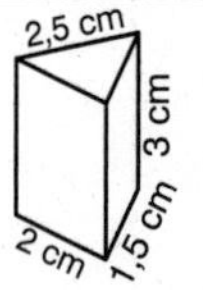

Maße der dreieckigen Grundfläche:

____

____

Oberfläche:

____

Volumen:

____

4. Im Bild rechts ist ein Pfeil zu sehen, der aus einem Schaft und einer Spitze besteht.
Der Pfeil hat folgende Maße: Dicke 4 cm, Gesamtlänge 16 cm
Der quaderförmige Schaft ist 12 cm lang und hat eine quadratische Grundfläche. Zwei Maße der Spitze sind eingezeichnet.

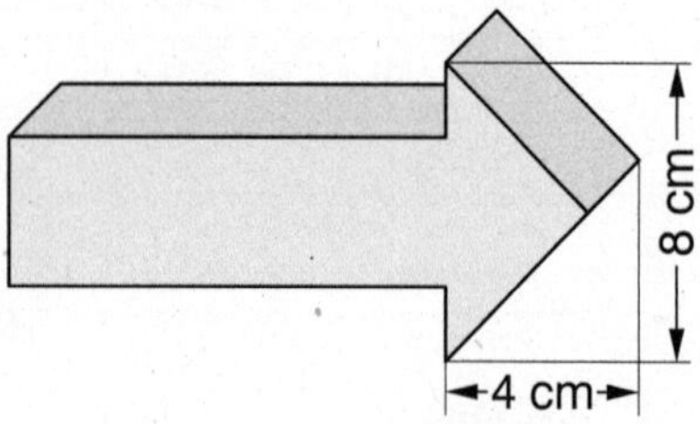

a) Berechne die Maße des quaderförmigen Teils:

Länge: ____________ Grundfläche: ____________ Volumen: ____________

b) Berechne das Volumen der Spitze:

____

c) Der Pfeil ist aus hartem Holz (1 cm^3 wiegt 1,2 g). Wie viel wiegt der Pfeil?

____

1. a) Berechne den Umfang des Grundkreises.

u = ____________________

b) Zeichne die Mantelfläche des Zylinders.

c) Bestimme die gesuchten Werte.

M = ____________________

O = ____________________

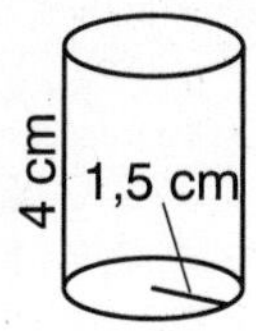

2. Stell dir einen Zylinder vor, der 10 cm hoch ist. Sein Durchmesser ist auch 10 cm. Ist seine Oberfläche kleiner oder größer als die Oberfläche eines Würfels mit der Kantenlänge 10 cm? Entscheide und begründe deine

Antwort: ____

____

3. Berechne die Oberfläche des Zylinders. Runde auf ganze cm^2.

a) r = 10 cm h = 20 cm

O = ____________________ 22

b) r = 20 cm h = 10 cm

O = ____________________ 17

c) r = 20 cm h = 40 cm

O = ____________________ 16

d) r = 40 cm h = 20 cm

O = ____________________ 14

4. Berechne das Volumen des abgebildeten Zylinders. Runde auf cm^3.

a)

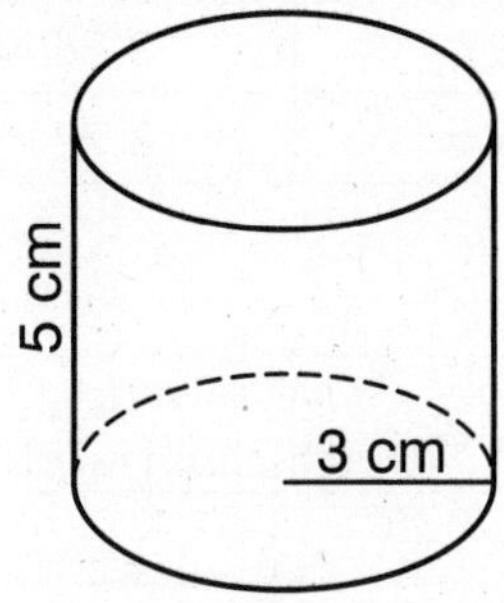

V = ____________ 6

b)

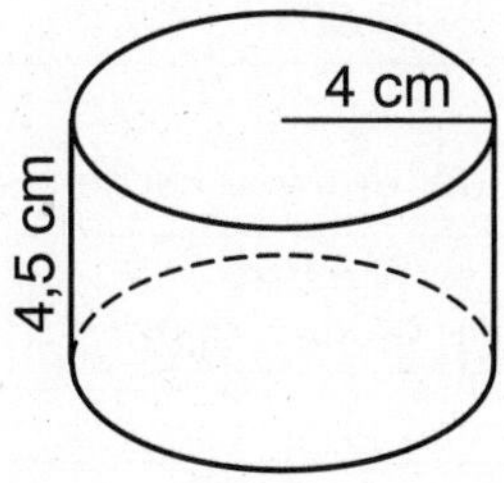

V = ____________ 10

c)

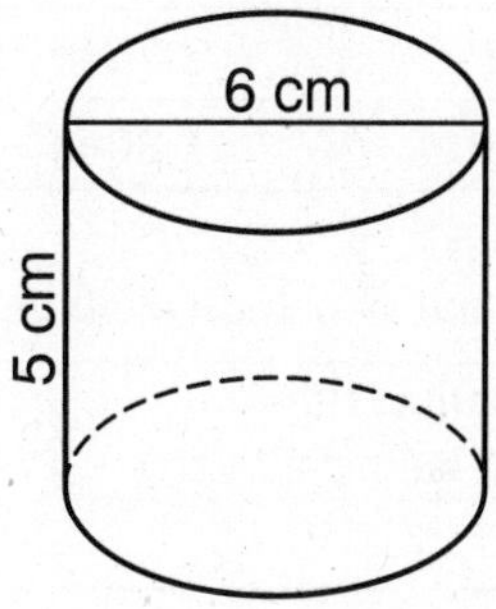

V = ____________ 6

d)

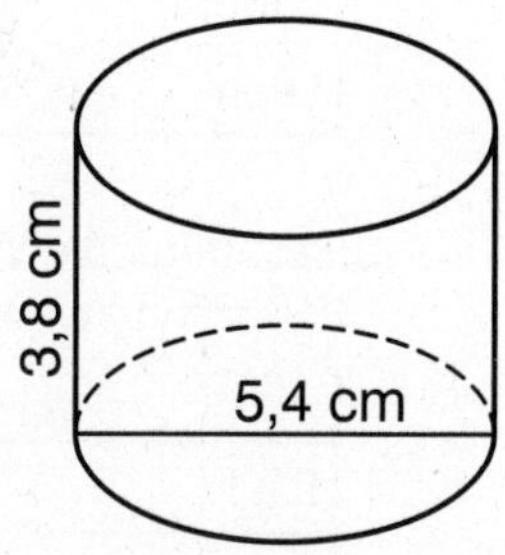

V = ____________ 15

5. Ergänze die Tabelle für Zylinder. Runde auf ganze cm^2 bzw. cm^3. Ist die Zuordnung proportional?

a) Höhe h = 10 cm

Radius → Oberfläche	
5 cm	
10 cm	
15 cm	
20 cm	

Proportional? ______

b) Höhe h = 10 cm

Radius → Volumen	
5 cm	
10 cm	
15 cm	
20 cm	

Proportional? ______

c) Radius r = 10 cm

Höhe → Volumen	
5 cm	
10 cm	
15 cm	
20 cm	

Proportional? ______

1. Die 30 Filialen eines Unternehmens erreichten in zwei aufeinander folgenden Geschäftsjahren folgende Umsätze (in Millionen Euro):

1. Jahr: 1, 5, 5, 7, 9 6, 4, 6, 7, 3 5, 6, 9, 6, 3 2, 2, 7, 6, 2 7, 4, 5, 3, 7 4, 9, 6, 2, 7
2. Jahr: 3, 4, 6, 4, 7 5, 9, 4, 3, 5 7, 8, 6, 3, 5 4, 9, 4, 5, 6 8, 3, 10, 5, 4 3, 9, 4, 6, 4

a) Werte die Daten aus, indem du die Kennwerte bestimmst.

	Spannweite (größter – kleinster Wert)	Modus (häufigster Wert)	Median (Wert in der „Mitte“)	Mittelwert (Durchschnittswert)
1. Jahr				
2. Jahr				

b) War das 1. Jahr für das Unternehmen erfolgreicher als das 2. Jahr? Begründe deine Entscheidung.

____

____

2. Eine Mathematikarbeit wird zurückgegeben. Pauline hat in ihrer Arbeit die Note „3“ erreicht und möchte nun wissen, ob sie besser oder schlechter ist als die Mehrheit in der Klasse. Kannst du ihr helfen? Nutze für deine Rechnung sowohl den Median als auch den Mittelwert. Welcher Wert beschreibt das Ergebnis besser?

Note	1	2	3	4	5	6
Häufigkeit	5	6	3	1	3	3

Median: ______

arithmetisches Mittel: ______

____

____

3. Im Sportunterricht steht Weitsprung auf dem Programm. Jeder Schüler hat 5 Versuche. Paul, Sarah und Leon vergleichen ihre Ergebnisse.

Paul	3,46 m	3,52 m	4,10 m	3,64 m	3,72 m
Sarah	3,80 m	3,78 m	3,82 m	3,76 m	3,86 m
Leon	3,65 m	1,30 m	3,90 m	3,79 m	3,72 m

a) Bestimme die Werte, mit denen du die Ergebnisse der drei vergleichen kannst.

	Spannweite (größter – kleinster Wert)	Median (Wert in der „Mitte“)	Mittelwert (Durchschnittswert)
Paul			
Sarah			
Leon			

b) Wen von den dreien würdest du im Wettbewerb gegen andere Schulen antreten lassen? Begründe.

____

____

c) Wie könnte man die Berechnung des arithmetischen Mittels bei Leon abändern, so dass ein möglichst sinnvolles Ergebnis herauskommt?

____

1. Die Grafik zeigt die Anzahl der jeweiligen Schulabschlüsse des Schuljahres 2007/08 in Deutschland an.

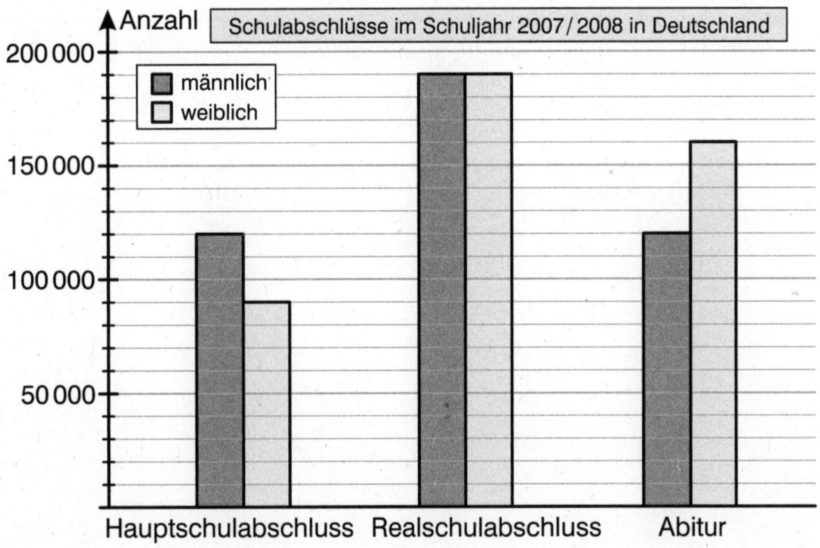

a) Lies die Anzahlen aus dem Diagramm ab und trage sie in die Tabelle ein.

	männlich	weiblich	insgesamt
Hauptschulabschluss			
Realschulabschluss			
Abitur			

Gesamtzahl der Schulabschlüsse: ______

b) Berechne jeweils die Anteile an der Gesamtanzahl der Schulabschlüsse in Prozent.

Hauptschulabschluss: ______ Realschulabschluss: ______ Abitur: ______

c) Stelle die in b) berechneten Anteile der drei Schulabschlüsse an der Gesamtanzahl in einem Streifendiagramm und in einem Kreisdiagramm dar.

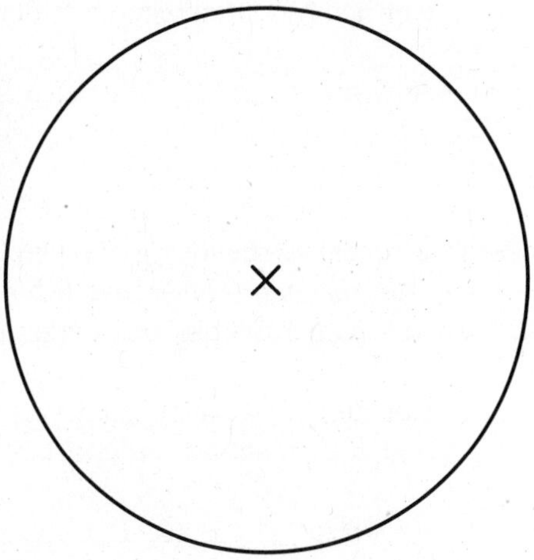

d) Von den Schulabgängern mit Abitur besuchten 87,9 % ein Gymnasium und 9,1 % Sekundarschulen. Die restlichen Abiturienten besuchten Abendschulen. Wie viele Personen waren das jeweils?

Gymnasium: ______ 15

Sekundarschulen: ______ 19

Abendschulen: ______ 12

e) In einer Zeitung steht: „Mehr Jungen mit Realschulabschluss als Mädchen: Während 44,2 % aller Jungen die Schule mit einem Realschulabschluss verlassen, erreichen dies nur 43,1 % der Mädchen."
Nimm dazu Stellung.

Antwort: ______

______

1. Die Tabelle gibt die Durchschnitts-Niederschlagsmenge auf der Insel Sylt im Zeitraum von 1961–1990 bezogen auf den jeweiligen Monat an.

Monat	Jan	Feb	Mär	Apr	Mai	Jun	Jul	Aug	Sep	Okt	Nov	Dez
Niederschlagsmenge in mm	57	35	45	40	42	56	62	72	83	89	94	72

a) Stelle die Daten übersichtlich in einem Säulendiagramm dar.

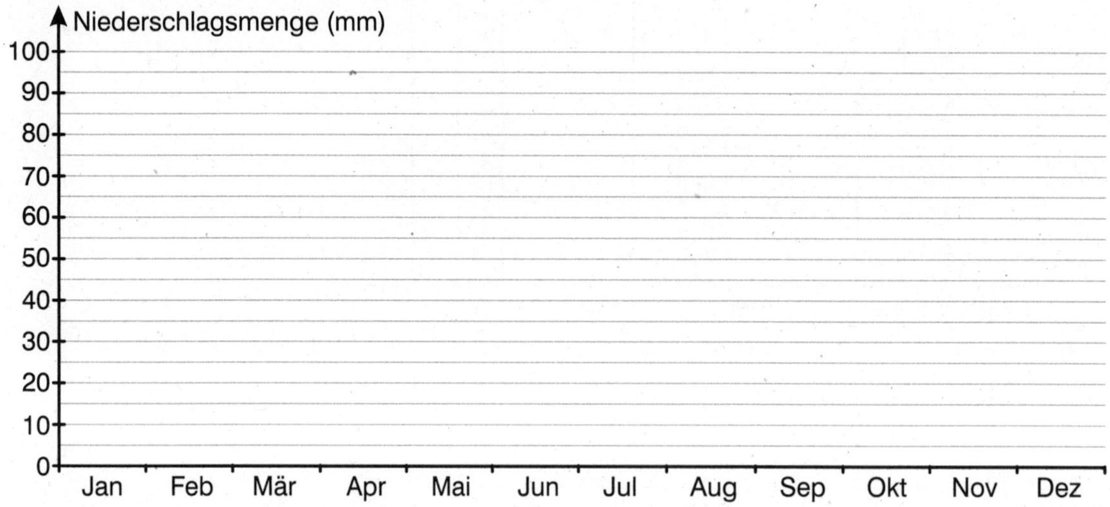

b) Wandle das Säulendiagramm in ein Streifendiagramm um. Überlege zunächst, was du dafür berechnen musst.

c) Vergleiche die beiden Diagramme. Finde Vor- und Nachteile.

Antwort: ____________________

____

d) Berechne den Mittelwert der 12 Monate und kreuze ihn auf der Achse mit der Niederschlagsmenge an. In welchen Monaten regnete es durchschnittlich weniger?

Antwort: ____________________

2. In der rechts stehenden grafischen Darstellung ist die Entwicklung der Ausgaben je Schüler bzw. Schülerin an öffentlichen deutschen Schulen von 1995 bis 2006 dargestellt. Die Angaben sind in Euro.

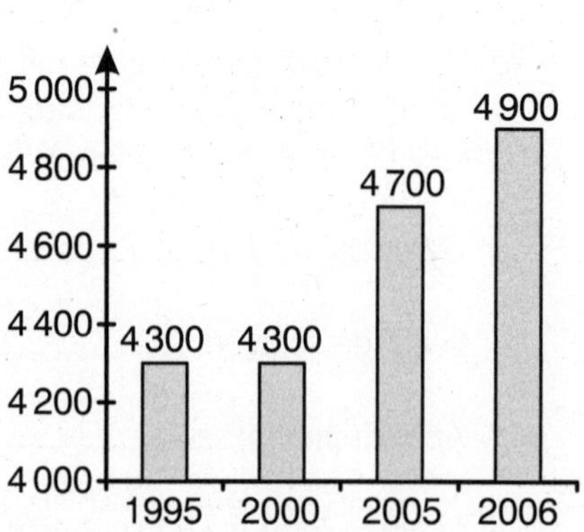

a) Eine Zeitung schreibt: „Die Ausgaben haben sich zwischen 2000 und 2005 mehr als verdoppelt." Nimm dazu Stellung.

Antwort: ____________________

____

b) Lukas meint: „In den letzten Jahren sind die Ausgaben nicht mehr deutlich gestiegen. Nach der Erhöhung um 400 € wurde nur noch um 200 € erhöht." Lena entgegnet: „Da hast du aber die Jahreszahlen nicht beachtet." Was meint Lena damit?

Antwort: ____________________

1. In verschiedenen Urnen liegen schwarze und weiße Kugeln. Bestimme jeweils, mit welcher Wahrscheinlichkeit p eine schwarze Kugel blind gezogen werden kann.

a) 

p (schwarz) = ______

b) 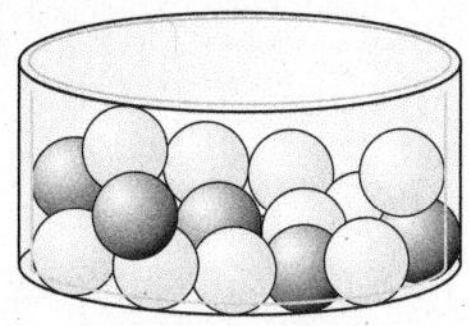

p (schwarz) = ______

c) 

p (schwarz) = ______

d) 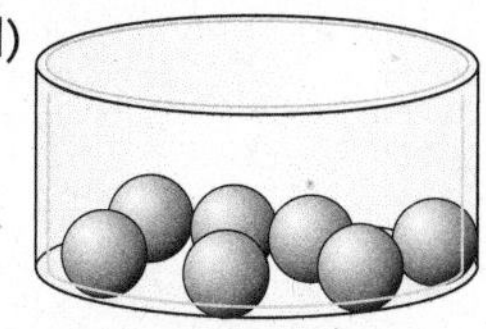

p (schwarz) = ______

2. Ein Kartenspiel (Skatblatt) besteht aus jeweils acht Karten der vier „Farben" Karo, Herz, Pik und Kreuz. Von jeder Kartenfarbe gibt es acht Karten: 7, 8, 9, 10, Ass und die „Bilder" Bube, Dame, König. Es wird blind eine Karte gezogen. Bestimme folgende Wahrscheinlichkeiten.

a) p (Kreuz) = ______ b) p (Karo oder Herz) = ______ c) p (Ass) = ______

d) p (8 oder 9) = ______ e) p (kein König) = ______ f) p (Herz Bube) = ______

g) p (Zahl) = ______ h) p (5) = ______ i) p (kein Bild) = ______

3. Auf dem Jahrmarkt gibt es Lose zu kaufen. Von den insgesamt 800 Losen sind 5 Lose Hauptgewinne, 250 Lose Kleingewinne und der Rest Nieten. Berechne folgende Wahrscheinlichkeiten:

a) p (Kleingewinn) = ______ b) p (Gewinn) = ______ c) p(Niete) = ______

4. Farbe die Glücksräder jeweils so mit einem schwarzen Stift ein, dass die geforderten Wahrscheinlichkeiten gelten. Berechne jeweils die Wahrscheinlichkeit für weiß.

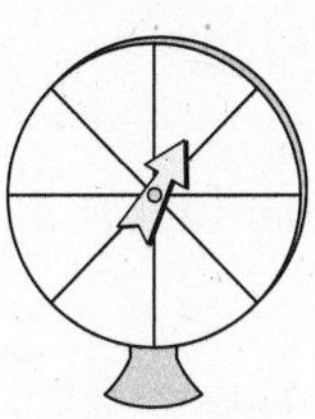 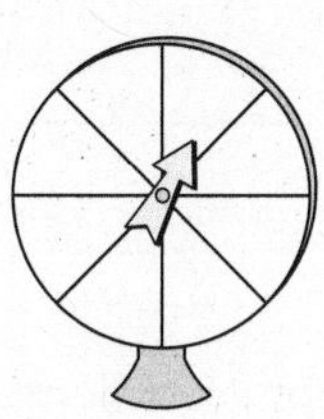 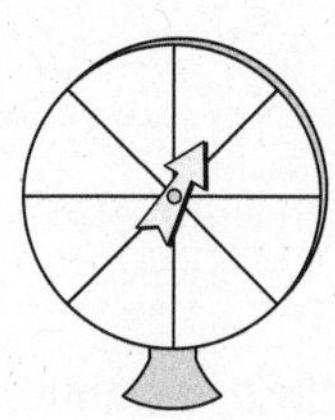 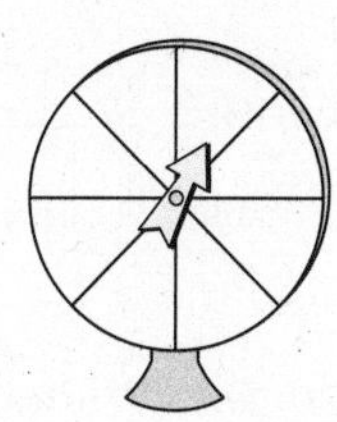

a) p (schwarz) = $\frac{1}{2}$ b) p (schwarz) = 1 c) p (schwarz) = 75% d) p (schwarz) = $\frac{7}{16}$

p (weiß) = ______ p (weiß) = ______ p (weiß) = ______ p (weiß) = ______

5. a) Mit welcher Wahrscheinlichkeit ist eine zufällig ausgewählte zweistellige Zahl durch 5 teilbar?

Antwort: ______________________________

b) Mit welcher Wahrscheinlichkeit hat eine zufällig ausgewählte Person im Dezember Geburtstag? Geh dabei davon aus, dass die Wahrscheinlichkeit, Geburtstag zu haben, an jedem Tag des Jahres gleich ist.

Antwort: ______________________________

c) Mit welcher Wahrscheinlichkeit hat eine zufällig ausgewählte Person mindestens eine 5 im Geburtsdatum? Betrachte dabei nur den Tag und den Monat, z.B. 25.10.

Antwort: ______________________________

1. Wirf eine Münze 100-mal. Bestimme dabei die relativen Häufigkeiten für die Ereignisse „Kopf" und „Zahl". Berechne anschließend die entsprechenden Wahrscheinlichkeiten. Mit wie viel mal „Kopf" hast du gerechnet? Wie oft erschien tatsächlich „Kopf"?

Antwort: ______________________________

2. Markus, Sonja, Paul und Kathrin werfen Reißzwecken und zählen dabei, wie oft die Reißzwecke auf den Kopf beziehungsweise auf die Spitze (Seitenlage) fällt.

	Markus	Sonja	Paul	Kathrin
Kopf	42	113	161	196
Spitze	58	185	156	311

a) Berechne jeweils die relativen Häufigkeiten der Ergebnisse Kopf und Spitze.

	Markus	Sonja	Paul	Kathrin
Kopf				
Spitze				

b) Eine der Personen in der Tabelle hat sich offensichtlich verzählt. Wer war es? Begründe deine Entscheidung.

Antwort: ______________________________

c) Mit welchen ungefähren Wahrscheinlichkeiten fallen Kopf beziehungsweise Spitze? Gib die von dir geschätzten Wahrscheinlichkeiten in Prozent an und runde auf ganze Zahlen.

Antwort: ______________________________

d) Markus bietet Sonja eine Wette an: „Ich werfe die Reißzwecke. Wenn sie auf den Kopf fällt bekommst du von mir vier Euro, fällt sie auf die Spitze, musst du mir sechs Euro geben." Sonja entgegnet: „Dann bekommst du ja viel mehr Geld als ich!" Was meinst du?

Antwort: ______________________________

e) Führe das Experiment selbst durch und vergleiche mit den Ergebnissen der Personen aus der Tabelle.

3. Paul hat zwei Würfel mit neuen, selbst gewählten Zahlen beklebt. Nachdem er jeweils 750-mal gewürfelt hat, erstellt er eine Tabelle mit den absoluten Häufigkeiten der verschiedenen Ergebnisse. Wie könnte die Beschriftung der beiden Würfel aussehen?

a)

	1	2	3	4	5	6
Anzahl	228	0	137	0	0	385

Beschriftung:

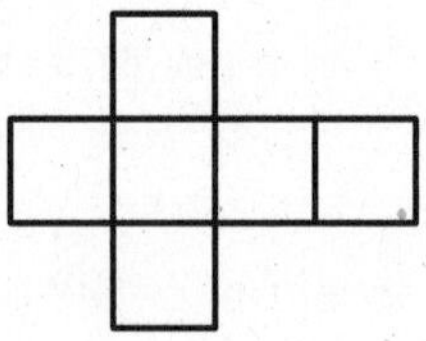

b)

	1	2	3	4	5	6
Anzahl	107	132	273	238	0	0

Beschriftung:

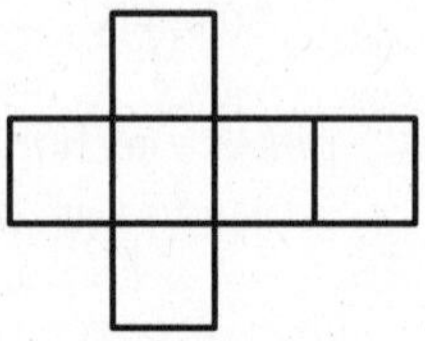

c) Was könnte der Grund dafür sein, dass eine Zahl genauso oft auf dem Würfel ist, aber häufiger gewürfelt wird?

Antwort: ______________________________

____